STORIES OF A BETTER SILK ROAD

外文出版社
FOREIGN LANGUAGES PRESS

十年栉风沐雨，十年春华秋实。共建“一带一路”源自中国，成果和机遇属于世界。让我们谨记人民期盼，勇扛历史重担，把准时代脉搏，继往开来、勇毅前行，深化“一带一路”国际合作，迎接共建“一带一路”更高质量、更高水平的新发展，推动实现世界各国的现代化，建设一个开放包容、互联互通、共同发展的世界，共同推动构建人类命运共同体！

——习近平

10月17日上午，国家主席习近平在人民大会堂会见来华出席第三届“一带一路”国际合作高峰论坛并进行正式访问的巴布亚新几内亚总理马拉佩。

习近平强调，巴新是首个同中国签署共建“一带一路”谅解备忘录和合作规划的太平洋岛国，莫尔斯比港独立大道、布图卡学园等项目建设取得积极进展，为中国同太平洋岛国共建“一带一路”发挥了带头示范作用。中方愿同巴新继续高质量共建“一带一路”，分享中国式现代化带来的发展机遇，精准对接两国发展战略，加强基础设施、农林渔业、清洁能源、气候变化等领域合作，助力巴新实现工业化和现代化。

——新华社北京2023年10月17日电《习近平会见巴布亚新几内亚总理马拉佩》

10月19日下午，国家主席习近平在人民大会堂会见来华出席第三届“一带一路”国际合作高峰论坛的刚果（布）总统萨苏。

习近平指出，刚果（布）是共建“一带一路”的积极参与方和重要合作伙伴。双方秉持和平合作、开放包容、互学互鉴、互利共赢的丝路精神，推进友好合作，取得了实实在在的成果。刚果（布）国家一号公路等项目成功实施，堪称典范。中刚是真朋友、好伙伴。中方珍视两国情谊，愿同刚方在“一带一路”、中非合作论坛等框架内加强务实合作，探索和培育数字经济、绿色发展等合作增长点，推动中刚全面战略合作伙伴关系不断迈上新台阶。

——新华社北京2023年10月19日电《习近平会见刚果（布）总统萨苏》

10月19日上午，国家主席习近平在人民大会堂会见来华出席第三届“一带一路”国际合作高峰论坛的柬埔寨首相洪玛奈。

习近平强调，共建“一带一路”给柬埔寨带来了实实在在的发展机遇。中方愿秉持共商共建共享原则，推动“一带一路”倡议同柬埔寨“五角战略”对接，加快充实中柬“钻石六边”合作架构，打造好“工业发展走廊”和“鱼米走廊”，推动更多惠民工程落地生根。中方支持柬埔寨机场、文物古迹修复等项目，欢迎更多柬埔寨农产品进入中国市场，鼓励更多中国游客赴柬旅游。我愿同你一道宣布将2024年确定为“中柬人文交流年”。

——新华社北京2023年10月19日电《习近平会见柬埔寨首相洪玛奈》

10月19日下午，国家主席习近平在人民大会堂会见来华出席第三届“一带一路”国际合作高峰论坛并进行正式访问的泰国总理赛塔。

习近平强调，中泰要做高质量共建“一带一路”的排头兵，加快中泰铁路建设，拓展数字经济、绿色发展、新能源等领域合作，扩大人文交流。双方要加大打击电信诈骗、网络赌博等跨境犯罪，为两国发展营造安全环境。中方愿同泰方加强在东盟、澜湄合作、联合国等多边框架内合作，分享中国大市场和高水平对外开放机遇，为亚洲发展注入正能量，为推进全球治理变革作出积极贡献。

——新华社北京2023年10月19日电《习近平会见泰国总理赛塔》

编 委 会

特别鸣谢：中建集团海外部
中建国际建设有限公司

编辑制作：中国建筑集团有限公司
地　　址：北京市朝阳区安定路 5 号院 3 号楼

邮　　编：100029
电　　话：010-86498598
传　　真：010-86498140

以中国建造推进“一带一路”行稳致远　06

序言　08

建证发展·和合共荣　10

以中国建造唱响“一带一路”青春之歌　12
铺就中巴友谊路 点燃发展新引擎　16
跨越天堑 通向未来的“梦想之路”　20
嵌进“绿宝石”的“银色丝线”　24
在地中海岸放飞新梦想　28
明珠镶玉带 匠心筑坦途　31
用责任担当打通阿联酋铁路大动脉　34
打造绿色电站 点亮千家万户　37
播洒甘霖润民心 共筑中肯友谊线　40
棉兰高速串起中印尼友谊“同心圆”　43
中国“智”造为曼谷插上“新翅膀”　46
留下“一束光”情牵中印尼　49

建证融通·殊方共享　52

深耕“一带一路”扬帆中柬友谊之舟　54
印在阿尔及利亚纸币上的“中国建造”名片　57
精工至善 中埃共建“地中海明珠”　60
中国建筑匠心精筑中俄友好地标　64
闪耀狮城的“梯田花园”　67
让紫荆花蕾绽放香江　70
倾心浇筑莲花塔 中国品质耀丝路　72
海丝金边论坛新地标搭起中柬友谊连心桥　75

目 录 Contents

天际下的城市之光 78

匠心独运 点亮迪拜城市新地标 80

梦想在“云顶之巅”绽放 82

打造肯尼亚全国保障房建设标杆 85

建证友谊·心心相融 88

布图卡学园：建证中巴新友谊 90

跨越山海的梦想建造者 93

以鲁班之名，连接世界共赴梦想 96

鲁班学院“课代表”成长记 97

民心相融架起中俄“友谊桥” 100

点亮马尔代夫百姓的“安居梦” 103

中资企业为马来西亚青年搭建成长平台 106

筑梦“一带一路”：一名建筑人的海外十年 108

海外蔷薇的二十六载中建情 110

奋斗在中资企业的外籍小哥 112

“老帕”的中建情 114

我的爸爸在非洲 117

建证幸福·美美与共 118

建证城市新生·十城记 120

唤醒 122

共荣 124

安居 126

行稳致远 128

栖心之所 130

共享未来 132

浮岚暖翠 134

通途 136

希望 138

康庄大道 140

建筑在说话 142

小红点上的大苑景 144

天际下的城市之光 146

通向未来的致富路 148

希望与新生 150

连通世界的海上大门 152

沙漠工程师 154

我在建“非洲第一高楼” 156

卡冒的安居梦 158

推动发展的新引擎 160

滤出甘露润万家 162

站长的日常 164

托起文莱湾上新希望 166

我们的布图卡学园 168

非洲屋脊上的议事厅 170

幸福的家 172

共同的建造 174

跨越山海 大道同行 178

——中国建筑参与共建“一带一路”十周年图鉴

郑学选
中国建筑股份有限公司董事长
中国建筑集团有限公司董事长、党组书记

以中国建造推进“一带一路”行稳致远

2013年，习近平主席提出了共建“一带一路”的重大倡议。十年来，从夯基垒台、立柱架梁到落地生根、持久发展，共建“一带一路”取得实打实、沉甸甸的成就，成为当今世界深受欢迎的国际公共产品和合作平台。

中建集团始终致力于高质量共建“一带一路”，深入实施海外高质量发展战略，主动担当服务国家高水平对外开放的主力军，在多个沿线国家探索建立合作对接机制，倾力建设重大基础设施，倾情谋划实施民生工程，不断拓展合作新领域，努力实现高水平合作、高效益投入、高质量发展。“一带一路”倡议提出十年来，中建集团在共建国家实施了2600多项工程，境外业务累计签约超2000亿美元，ENR国际承包商排名稳居前十，集团海外业务取得新成效。

十年来，我们精准把握当地发展需求，以精益建造助力基础设施“硬联通”。我们聚焦制约当地发展的基础设施瓶颈，高标准建设重点项目，有力提升当地基础设施现代化水平。我们建设的中巴经济走廊最大的交通项目PKM高速公路，获得巴国政府最高标准、建设典范的赞誉。我们建设的刚果（布）国家一号公路是刚果（布）等级最高、通行体验最好的公路，被誉为该国交通史上的“梦想之路”。我们建设的斯里兰卡南部高速公路项目，方便了首都科伦坡和汉班托塔两大港口的贸易往来，被誉为通向未来的“幸福路”。

十年来，我们积极对接融合国际标准和规范，以创新发展推进规则标准“软联通”。我们主动将ESG理念融入到项目建设中，利用智慧建造、节能减碳技术，提高项目建造效率和质量，最大限度保护所在地生态环境。在中埃两国元首见签的埃及新首都CBD项目建设中，我们应用自主研发的空中造楼机，自施工以来创下了非洲建筑史上多项建造纪录。在习近平主席出席启动仪式的巴布亚新几内亚布图卡学园项目，我们整体采用装配式建造方式，实现了绿色环保、舒适安全的目标。在阿联酋伊提哈德铁路项目，我们修建了70多个涵洞供动物穿行，开发了50多公顷鸟类觅食区，保护了珍稀鸟类和野生动物的生存空间。

十年来，我们主动与共建国家人民建立良好友谊，以务实行动积极融入“心联通”。我们聚焦改善民生、增加就业，打造接地气、聚人心的合作成果，以良好的企业品牌展示了国家形象。我们积极参与民生工程，建设了博茨瓦纳马哈拉佩水厂、肯尼亚内罗毕公园路保障房等重点项目。我们积极履行社会责任，在非洲、中东疫情最严重时期，累计选派9批、47名医护人员，协助当地政府开展救治。我们坚持属地化经营，每年为属地直接提供就业岗位5万余个，在埃及、阿联酋等10个国家建设“鲁班学院”，累计为数千名外籍工程师、技术人员提供专业培训，增强了共建国家人民获得感、幸福感。

“一带一路”倡议提出十年来，中建集团抓住机遇，海外业务实现跨越式发展，全球品牌影响力持续增强，世界一流企业建设迈出稳健步伐。

面向未来，中建集团将坚持以习近平新时代中国特色社会主义思想为指导，深入学习贯彻习近平主席在第三届“一带一路”国际合作高峰论坛开幕式上的主旨演讲精神，将支持高质量共建“一带一路”的八项行动转化为具体落实举措，继续大力实施海外高质量发展战略，增强企业国际化竞争能力，全力服务构建新发展格局，积极承接“一带一路”共建国家标志性项目，努力打造一批接地气、聚人心的合作成果，以中国建造推进共建“一带一路”实现更高质量、更高水平的发展！

序 言 Preface

建筑是有形的砌筑，更是无形的联通。

共建“一带一路”倡议提出十年来，从理念到实践，从谋篇布局的“大写意”到精谨细腻的“工笔画”，已经成为最受欢迎的国际公共产品和最大规模的国际合作平台。作为共建“一带一路”倡议的积极参与者，中国建筑深入学习贯彻习近平新时代中国特色社会主义思想，坚定不移、全力以赴参与共建“一带一路”，打造了一座座“国家地标”“民生工程”“友谊丰碑”，以实际行动诠释了共建“一带一路”是构建人类命运共同体的伟大实践。

丝路十年，我们建证发展，和合共荣。中国建筑积极融入“硬联通”，主动对接共建国家发展需求，高标准、高品质建设现代化基础设施项目，促进沿线国家共同发展繁荣。巴基斯坦PKM高速公路项目（苏库尔—木尔坦段）串联起巴基斯坦人口密集、农业发达的中部平原，有力助推了当地经济社会发展，成为带动沿线经济发展的新引擎和共建“一带一路”的亮丽名片；刚果（布）国家一号公路作为中非合作论坛和“一带一路”倡议的重要成果，是刚果（布）等级最高的公路，也是刚果（布）主要的交通和经济动脉，被誉为该国交通史上的“梦想之路”；文莱淡布隆跨海大桥是世界最多跨全预制装配式桥梁，在历史上首次把文莱本土与隔海相望的淡布隆区连成一体，有力促进文莱经济多元化发展，托起文莱新的发展希望……大道通衢，长虹飞架，共同铺就互惠共赢、繁荣发展之路，为推动共建“一带一路”高质量发展写下生动注脚。

丝路十年，我们建证融通，殊方共享。中国建筑积极融入“软联通”，加强与沿线国家和国际组织之间的规则标准对接，推动经验技术的交流共进，为沿线国家一批重大项目建设提供中国建造方案。“非洲第一高楼”埃及新首都CBD标志塔项目研发出适用于超高层泵送的C100高强度混凝土，创造了沙漠高温地区高强度混凝土的应用纪录，在埃及首次使用的“空中造楼机”，助力标志塔核心筒施工效率提高20%；柬埔寨国家体育场项目通过深化应用BIM技术，将VR、AR、3D打印与之结合，并依托有限元分析等技术手段，打造出世界首例斜拉柔性索桁罩棚结构；“南亚第一高塔”斯里兰卡科伦坡莲花电视塔是用中国标准、中国技术在海外设计建设的第一座混凝土电视塔，被誉为“体现斯里兰卡民族自豪感和国家基础设施发展水平的伟大工程”……中国建筑与来自“一带一路”共建国家的员工、合作伙伴一起，以智慧建造、节能减碳技术促进绿色发展，以科技创新推进规则标准互联互通，在交流互鉴中携手前行，在服务高质量建设

"一带一路"中开拓工程建设技术标准国际化新路径。

丝路十年，我们建证友谊，心心相融。中国建筑积极融入"心联通"，致力打造接地气、聚人心的合作成果。在巴布亚新几内亚布图卡学园，新修建的校舍整洁明亮，开阔的运动场上不时传来孩子们的欢笑声；在马尔代夫大马累地区，7000套社会住房项目让3.5万居民迁入梦想的新居，享受更舒适美好的家居生活；在尼泊尔KTFT快速路项目部，当地居民第一次体验中国针灸的神奇，连连为中国医护人员和志愿者点赞……通过开展民生工程建设和丰富多样的属地融合、志愿服务活动，中国建筑积极履行社会责任，增强共建国家人民获得感、幸福感，以真诚友善向世界递出一张张中国友谊名片。

丝路十年，我们建证幸福，美美与共。在"走出去"过程中，中国建筑坚持中建视角、国家站位、全球视野，创新开展"建证幸福"跨文化传播专项行动，以企业文化融合推动文明交融互鉴，助力增强中华文化亲和力、感染力、吸引力、竞争力，也向外传播了可信、可爱、可敬的中国形象。在"一带一路"倡议提出十周年之际，中国建筑与环球网联合策划"建证城市新生·十城记"(Renew Rebuild Revive)多语种融媒产品，聚焦中国建筑在"一带一路"沿线建设的重点项目，以及这些项目助力城市更新的成功实践，共话城市发展共性问题，深度展示城市可持续发展的中建故事、中国方案；联合CGTN开展"建筑在说话"（Building Lives）海外重点工程回访，选取基建、住宅、医疗、交通等领域的15项"一带一路"标志性项目和惠民生"小而美"项目，深入挖掘中国建筑与"一带一路"共建国家人民互利共赢、同舟共济的故事案例，传达中国建设者的勤奋、中国企业的责任和共建国家之间的相互尊重、相互支持、相互成就；在中央广播电视总台推出的8集大型纪录片《共同的建造》中，中国建筑建设的"一带一路"沿线重点工程，记录了中国建设者跨越山海，用建造连接国家与城市，连接文化和心灵，连接过去、现在与未来的历程。

凡益之道，与时偕行。十年扬帆再起航，中国建筑将认真学习贯彻习近平主席在第三届"一带一路"国际合作高峰论坛开幕式上的主旨演讲精神，完整准确全面贯彻新发展理念，巩固互联互通合作基础，拓展国际合作新空间，高质量参与共建"一带一路"，铺就共同发展的康庄大道，绘就绿色发展的亮丽画卷，书写国家互利共赢、人民相知相亲、文明互学互鉴的丝路时代新篇。

建证发展
和合共荣

HARMONIOUS DEVELOPMENT

中国建筑积极融入“硬联通”，主动对接“一带一路”共建国家和地区发展需求，深入推进基础设施项目合作，通过建设一批代表“中国建造”水平的标志性工程，助力当地经济社会发展。

以中国建造
唱响“一带一路”青春之歌

在埃及首都开罗以东50公里的沙漠地带，高达385.8米的“非洲第一高楼”埃及新首都CBD标志塔最为显眼，这座高楼的建设者正是中国建筑的青年工程师团队。

这支团队组建于2018年，现有58人，平均年龄29岁，其中35岁以下青年有44人，占比76%。他们以中国方案、中国质量、中国速度，开创埃及超高层建筑施工之先河，

▼埃及新首都CBD项目

他们以中国方案、中国质量、中国速度，开创埃及超高层建筑施工之先河，打造了被誉为“埃及新时代的金字塔”的城市地标。

打造了被誉为“埃及新时代的金字塔”的城市地标。

2023年，这支青年工程师团队获第27届“中国青年五四奖章集体”荣誉。

擦亮中国建造名片

埃及新首都CBD项目是迄今为止中资企业在埃及承建的最大项目，也是埃及国家复兴计划的重要工程。2018年3月18日，该项目隆重开工，致力打造中埃两国在“一带一路”倡议下合作的典范，其中最核心的就是“标志塔”。

“要在沙漠地区复杂环境中建设超高层建筑，独特的地质结构、常年的风沙、夏季的高温等都是巨大考验。标志塔施工应用的C80高强混凝土属于非洲首例，没有历史数据可作参考。”中国建筑埃及新首都CBD标志塔项目经理魏建勋说。为保证施工一次成功，项目青年工程师团队成立了“建证未来”新砼人青年突击队。

这支青年突击队每天在搅拌站顶着烈日工作，前后设计了30余套方案，最终成功研发出适用于超高层泵送的高强混凝土，最高强度可以达到C100，创造了沙漠高温地区高强度混凝土的应用纪录。

当地时间2019年2月26日23时30分，标志塔主楼1.85万立方米混凝土基础底板历经38小时连续作业最终顺利浇筑完成。这是中国建筑首次把“多快好省”的溜槽技术引入埃及，创造了当地单体建筑最大基础筏板、超大型基础筏板浇筑最快纪录、最大单日混凝土浇筑量3项第一。

魏建勋还记得浇筑当天，12条混凝土生产线开足了马力，128辆搅拌车不间断运输作业，所有专业工程师驻点督查生产线运作，仅用38小时便完成了任务，创造了高峰期单小时浇筑量785立方米的惊人速度。

要如期履约在沙漠中建起“非洲第一高楼”，就要解决在保证质量与安全的情况下如何提高建设速度这一问题。项目团队敢想敢干，决定引入大国重器——“空中造楼机”。这是第一次在埃及使用该装备，业主和监理对装备的安全性存在顾虑。

时任项目总工的田伟带领团队梳理了20余个国内成熟案例，逐个建模论证，经过近两个月的反复讨论，成功说服外国业主和监理通过评审。

最终，标志塔核心筒节约工期90天，核心筒和外框钢结构施工分别实现“四天一层”和“三天一层”的施工速度，助力核心筒施工实现“零风险”，施工效率提高20%。

“中国企业在建筑领域拥有非常先进的技术和丰富的经验，他们运用的很多技术，如新型铝合金模板应用技术、新型液压爬模应用技术等，对埃及建筑行业将有非常大的启发和带动作用。”项目埃方建设商务开发部主管艾哈迈德·阿兹米说道。

彰显中国精神 展现中国担当

在项目建设关键时期，海外疫情形势严峻。当时，项目团队果断采取“大封闭、小隔离、网格化”管理模式。

▲ 埃及新首都CBD项目青年工程师团队

▲ 埃及新首都CBD项目建设团队在当地开展志愿活动

10多名刚入职的小伙子请缨担当，站在与外界接触最多、风险最高的值班测温岗，守住疫情第一道防线，确保项目不停工。“疫情期间项目艰难，这个时候需要我们共同坚守。”赴埃及短期工作的工程师廖士杰说。面对疫情对项目供应链产生的冲击，项目商务工程师师健超同财务、清关同事沟通并牵头制订了多项举措，确保“项目—代理—厂家”供应链顺畅，为现场施工争取宝贵的时间。面对380米以上超高层垂直运输降效严重、34万个点光源的巨大工作量等挑战，项目机电负责人王存湖带领团队组建3个青年攻坚小组，克服电源不稳定、布线复杂、调试难度大等困难，提前12个月实现了外立面整体亮灯。

2023年春节期间，当“非洲之巅”闪耀起“中国红”时，标志塔成了埃及新行政首都项目中最夺目的风景线。

每当被问到为什么愿意远离祖国、坚守奋斗在非洲大漠时，中国建筑的建设者会坚定地说：“这是一份崇高的事业，我们代表着中国。”

团队成员坚持不懈、恪尽职守，感染了越来越多的埃及青年员工投身项目建设。

31岁的阿穆尔毕业于埃及艾因夏姆斯大学土木工程专业，在中国师傅的带领下，他埋头苦学，每天除完成规定工作，还拉着中国同事交流经验技术，并整理成笔记，同其他工友分享。几年下来，阿穆尔已成为一名青年技术骨干。

在建高楼的同时，项目团队积极落实《中埃产能合作框架协议》，与当地300多家企业合作，促进上万名劳动力就业；持续发挥产业链优势，积极分享成熟工艺、技术成果，带动当地产业结构升级。该团队在埃及开设了中国境外首所“鲁班学院”，整合培训资源，面向埃及青年员工开展技术交流和培训，为员工实现个人价值搭建动态开放的舞台，第一批104名埃及大学生已完成实习实训任务。

讲好中国故事 深化两国友谊

为讲述中国企业的“好故事”，项目青年团队打造全社交媒体矩阵，开通运营多个海外社交媒体平台，制作推广有温度、有内涵、有情怀的“小而美”产品。此外，还联合使馆承办“唱响埃及”华语歌曲大赛，拍摄驻埃中

▲ 埃及新首都CBD项目施工场景

企首部多语种形象片，举办10余场“建证幸福”开放日活动，邀请来自埃及住房部、NUCA业主及高校、媒体、行业代表参观项目，加强技术交流，促进行业发展。

在标志塔封顶仪式开放日上，埃及住房部长埃萨姆说：“通过开放日，我们共同见证CBD标志塔封顶，这不仅是中埃两国交流互鉴、合作共赢的重要成果，更是埃及引进现代技术、实现新时代建筑发展的里程碑。”

项目青年工程师团队成立“建证未来·蓝海益路”志愿者服务队，开展慈善开斋宴、清理海滩垃圾、社区环保服务、集体义务植树、爱心助学捐赠等活动累计近40场，连续4年发布多语种服务埃及可持续发展报告，连续7年参与埃及中国商会斋月慈善活动，赢得埃及国家劳工部等高度赞誉。开罗“十月六日城”孤儿院负责人杜阿·萨利姆表示，项目团队的热心帮助让孩子们感受到了来自中国的温暖，“我们会将这份关爱铭记于心”。

项目青年工程师团队打造“建证幸福书屋”，邀请当地专家学者走进书屋，累计开展6场“建证幸福”系列文化讲座，举办庆祝中埃建交65周年书画摄影展，中埃社会各界5000余人参与。与当地协会、高校、社区等开展中华文化日、中非青年工匠交流营等活动，为文化交流互鉴拓展平台，带动了更多国外青年了解中国、喜爱中国。

魏建勋告诉记者，如今，在中埃建设者的共同努力下，埃及新首都CBD项目正向着全面竣工交付冲刺。项目青年团队将始终践行人类命运共同体理念，踔厉奋发，勇毅前行，争做“一带一路”建设的先锋队、大国建造的排头兵，让青春在建设造福世界的“发展带”、惠及各国人民的“幸福路”中绽放更加绚丽的光彩。

作者 | 中建八局　周围围

▲ 巴基斯坦PKM高速公路（苏库尔—木尔坦段）

铺就中巴友谊路 点燃发展新引擎

2023年1月，中国建筑承建的巴基斯坦PKM高速公路项目（苏库尔—木尔坦段）收到业主颁发的履约证书，标志着项目通过了三年“缺陷责任期”的检验，以优异质量获得业主高度认可。

巴基斯坦PKM高速公路项目（苏库尔—木尔坦段）南起信德省苏库尔，北至旁遮普省经济中心城市木尔坦。项目全长392公里，设计时速120公里，为巴基斯坦首条具有智能交通功能的双向6车道高速公路，总造价28.89亿美

由中国建筑承建的巴基斯坦PKM高速公路项目（苏库尔—木尔坦段），见证着中巴两国人民“美美与共”的情谊，成为带动沿线经济发展的新引擎和共建“一带一路”的亮丽名片。

元，于2016年开工，2019年通车，是“中巴经济走廊”框架下合同金额最大的交通基础设施项目。

项目投用至今，串联起巴基斯坦人口密集、农业发达的中部平原，有力助推了当地经济社会发展，成为带动沿线经济发展的新引擎和共建“一带一路”的亮丽名片。

效率之路 中国速度

项目合同工期36个月，全线有100座桥梁、468道通道、991道涵洞、11处互通、6对服务区、5对休息区、24处收费站。为了保障建设进展，项目全线392公里分为7个标段同步建设，从国内进口3500余台（套）大型机械设备，保证项目建设稳步推进。高配的团队筑成打硬仗、打胜仗的坚强堡垒。

项目连接的木尔坦和苏库尔是巴基斯坦重要城市。木尔坦是芒果、椰枣等经济作物主产区，苏库尔则是重要交通枢纽。项目的建成将两地通车时间从11个小时缩短至4小时以内，加速推动“中巴经济走廊”建设和中巴两国交流。

建设过程中，巴国政府给予项目极大支持。军方组建4500多人的军警专门安全部队为项目提供保护，成为“中巴经济走廊”建设的安保典范。

当地日最高气温经常达40摄氏度以上，路面温度更是高达75摄氏度。在如此严酷的自然环境下，中建团队掀起一波又一波劳动竞赛热潮。2018年5月26日，项目首段33公里路段较合同规定期限提前14个月通车。2019年7月22日，项目整体提前两周完工，其施工速度充分展现了中国建筑世界领先的施工效率。巴基斯坦国家公路局负责人对项目施工团队竖起大拇指说道：“苏木段是巴基斯坦迄今标准最高的公路项目，为整条白沙瓦至卡拉奇高速公路建设树立了典范。”

科技之路 百年工程

PKM项目是巴基斯坦设计等级最高、唯一全线绿化的高标准高速公路，同时采用中国、巴基斯坦、美国三国规范，以最高质量标准进行控制。依托QA和QC体系，项目建立包含设计和建造的多层级、全方位的质量控制网，用创新和匠心打造一条巴国最先进的智能高速公路。

为了适应项目的高温重载环境，项目技术团队提出并采用了路面沥青混合料80摄氏度高温环境下抗车辙技术新标准，成熟应用SBS改性沥青技术，保证路面成型质量；首次在巴国使用无人机航拍测量技术，精准获取全线数据；通过水文物理模型优化跨河大桥设计方案；成功攻克小角度斜交桥架设难题；首次应用弯沉检测技术控制路基路面施工质量；完善巴国智能交通系统标准，全线收费系统、信号管理等功能全部实现电子化、自动化，沿线全程铺设的光缆能够将全路段监控视频等信息实时传输到控制中心，以便运营方全面掌握交通状况，并在必要时采取措施保证安全。

业主对项目全线进行验收检查时，验收团队一致评价：PKM项目是巴基斯坦进度最快、质量最好的高速公路工程！截至目前，项目摘得鲁班奖、国优金奖、詹天佑大奖三项荣誉，实现中国建筑业最高荣誉“大满贯”。

友谊之路 民心相通

PKM项目贯彻落实“一带一路”共商、共建、共享的原则，重视与当地企业合作，共同开发取土场、采石场，租赁当地设备，土石、柴油、钢材、水泥等建设物资均从当地采购，带动相关产业发展。建设高峰期，项目聘用当地劳工、设备操作手、管理人员达28900余人。

项目专门邀请卡拉奇职业培训机构为当地员工提供规

▲2020年12月16日，巴基斯坦PKM高速公路项目正式移交通车。

范化培训，把当地农民培训成为业务过硬的技术工人。来往穿梭的数十台沥青摊铺机、压路机、自卸卡车几乎全部由巴方员工熟练操作。项目商务顾问阿玛告诉记者："PKM项目为我们提供了宝贵的就业机会，是我们的第二个家。当地有超过6800名农民，如今已是熟练的设备操作人员和工程管理人员，成为巴基斯坦现代化的工程技术人员。"

在提供大量就业岗位的同时，项目秉承"同一条路、同一个家"理念，积极履行企业社会责任，为沿线村落修筑便民道路800公里、桥梁15座、水井50眼、水渠200余条。为保护当地生态、保障动物迁徙，修建涵道管涵920道，总长超4万米。项目团队修缮沿线学校，组织医疗队，为乡村1000多人次提供义诊服务。活跃在当地抢险救灾的第一线，积极参与各类事故现场救援。

2022年6月中旬，巴基斯坦遭受严重洪灾后，项目部组织采购生活物资发放给贫困灾民缓解燃眉之急，派出救灾团队帮助抢修道路、疏导洪水，并向政府捐赠价值1000余万卢比的救灾物资，受到当地政府和民众普遍赞誉。

民生之路 助力发展

35岁的凯撒曾在中国留学5年，毕业后回到巴基斯坦加入中国建筑PKM项目团队，成为了一名工程师，他不仅亲身

参与了项目的建设过程，更享受到了公路带来的实实在在的便利。在PKM项目建成前，因为交通不便，凯撒家里400亩芒果难以在短时间内运出，许多都烂在地里。2019年项目通车后，凯撒家的芒果得以快速运往南部沿途城镇进行售卖，收入较之以往翻番。“以前，我们这里的农民和村民都很沮丧，因为运输过程中芒果经常腐烂。现在有了这条高速公路，我们的生活发生了很大的改变。”凯撒感叹道。

凯撒只是从PKM项目中获益的巴国民众之一。作为中巴经济走廊最大交通基础设施和贯通该国南北的交通大动脉，PKM项目已累计通行车辆超过1000万辆，给当地经济社会发展带来了实实在在的好处。

2022年10月28日，巴基斯坦时任总理夏巴兹·谢里夫来华访问前接受媒体采访时高度评价项目，并借此谈道：“期待‘一带一路’倡议发挥更大作用，推进中巴经济高质量发展。”

风雨兼程，情比山高。PKM高速公路项目已成为中巴两国人民“美美与共”的坚实见证。如今，这条承载着友谊、梦想、希望的交通大动脉已经深深嵌入巴基斯坦的国家地理，持续发挥着澎湃力量，助力巴基斯坦人民走向更加美好的明天。

作者 | 中建三局　钟三轩

跨越天堑 通向未来的“梦想之路”

富饶而美丽的刚果河蜿蜒曲折汇入大西洋，沿岸广袤的原始森林和湖泊沼泽生机盎然。作为刚果（布）的首都和经济中心，布拉柴维尔和黑角这两座城市如同两颗璀璨的明珠镶嵌在刚果河下游和大西洋海岸，一条全长535公里的公路蜿蜒连接着这两座城市及沿途的重要城市。这条公路，就是由中国建筑修建并参与运营的刚果（布）国家一号公路。

作为中非合作论坛和“一带一路”倡议的重要成果，刚果（布）国家一号公路是刚果（布）等级最高、通行体验最好的公路，也是刚果（布）主要的交通和经济动脉，被誉为刚果（布）交通史上的“梦想之路”。

跨越天堑 彰显匠心品质

刚果河流域地形和水文条件十分复杂，在1号公路建成之前，相距数百公里的黑角与布拉柴维尔之间的陆路交

▼刚果（布）国家一号公路沿途风光

从建设过程中的匠心品质、环境保护，到属地各方的和谐交融、合作共赢，刚果（布）国家一号公路不仅承载着无数人的梦想，也见证着中非友谊通向更加美好的未来。

通和运输十分不便，仅有的土路路况极差，严重限制了人员和货物流动，极大制约了经济发展。建设一条能将两座城市串联起来的公路，成为刚果（布）人民世代的梦想。

2007年，中刚政府一揽子合作项目下最大的基础设施项目——刚果（布）国家一号公路项目开始建设。项目沿线穿越沿海平原、马永贝原始森林、尼亚黑河谷、巴塔赫高原等多种地形，艰苦的自然环境和复杂的地形对项目施工提出了很大挑战。

以马永贝森林为例，这是一片令人望而生畏的原始热带雨林，也是修建刚果（布）国家一号公路最难跨越的天堑。但越是艰难，项目团队越是干劲十足。施工过程中，大家用极强的意志克服了沿线虫蛇出没、运输不便、资源匮乏等重重困难，用3年时间打通了穿越马永贝森林的通道，当地人敬佩地称中建人为“劈山的人”。2016年，历经8年艰难的施工，刚果（布）国家一号公路全线贯通，

▲ 刚果（布）国家一号公路项目在当地小学开展社会公益活动

"梦想之路"成为现实。

在刚果（布）国家一号公路建设期间，项目与清华大学合作开展了8项课题研究，总结和推广了一批适用于非洲地区复杂地理地质条件的施工技术与管理方式，攻克一道道难关，建立了以中国规范为基础、部分参照法国规范的标准体系，也带动了大量中国设备、材料、技术规范的出口和应用。因为高质量的施工，该项目获得2018—2019年度国家优质工程奖、2020年度中国建设工程鲁班奖（境外工程），彰显了中国建筑的匠心品质。

尊重自然 守护绿色生态

在施工过程中，生态环境保护是重要一环。为此，项目团队始终贯彻"绿色建造、环境和谐"的建设方针，秉承"不破坏就是最大的保护"这一理念，因地制宜建立起一套完整的环境保护体系，全过程做到绿色设计、绿色施工，并安排专人强化过程监督，在保证道路功能与安全的同时，使工程全线的环境保护工作达到了最优效果。

项目对刚果（布）国家一号公路原线进行细致的丈量勘察，准确定位边界红线，为伐木队提供准确的砍伐标注，确保被砍伐的树木量降到最低，平均每1000平方米砍伐树木量仅为3棵，最大限度保护了原始森林。

为了防治水土流失，项目在砂性土路段边坡采用了香根草防护、优化设计积水蒸发池和消能池、出水口堆置消力石等举措，确保绿色施工方案得到严格落实。因其突出的环境保护工作，刚果（布）国家一号公路项目获评中国对外承包工程商会"2019中国境外可持续基础设施项目"。

和谐交融 拓展幸福空间

建设过程中，项目团队积极了解学习当地文化与风俗习惯，多次参与公益事业，促进了项目所在地经济、教育、基础设施水平的提升。

建设期间，项目团队从当地需求出发，多次无偿援建校舍、公路等，用实际行动为当地经济发展和民众便利生活带来切实提升。项目沿线的萨哈村约有8000余人，村民的出行、经济作物的运输主要依靠大洋铁路，但铁路每周只有一趟列车往返。项目部了解到这一情况后，为当地无偿援建了一条宽7米、全长近3公里的碎石面层进村公路，极大便利了当地民众的出行。

此外，项目团队还积极为施工沿线的学校捐赠学习和体育用品，并多次提供公共医疗培训，获得了当地居民的极大认可与支持。项目通过履行社会责任，提升管理水平，实现了与当地社会的深入合作，共同创造了经济、社会、环境等多方面的综合价值，并于2017年12月发布了《刚果（布）国家一号公路项目社会责任报告》。

▲刚果（布）国家一号公路上LCR收费站

合作共赢 共赴美好未来

公路通车后，刚果（布）90%以上的重要物资、矿产、森林资源的进出口均通过这条公路运输到黑角港，日通行量较此前平均提高了10倍以上，带动当地GDP增长了69%。不仅如此，由于运输时间与成本大幅缩减，一些沿线小市场自发地发展起来，为沿线居民的收入提升创造了更多的可能。

此外，项目建设还为当地提供了1万多个就业岗位，培养了超过4000名工程领域的属地技术人员，扩充了当地急缺的工程人才。

2019年，由中国建筑牵头，联合法国Egis公司和刚果（布）政府，共同成立了刚果（布）国家一号公路特许经营项目公司（LCR），并于2019年3月正式启动运营。通过中法刚三方合作的优势互补，实现公路资产的保值增值和可持续发展，也为刚果（布）公路运营养护的可持续发展积蓄了人才力量。

在1号公路养护大修项目工作的属地工程师米卡说："在项目工作的这两年多来，我学到了很多专业技能，包括道路养护知识、地磅调试知识等，学会了如何进行边坡和防撞墙施工，掌握了路面修复要求和管理要点，我在公路养护方面的专业水平提升很快。"公路沿线利弗拉收费站副站长芭芭克拉说："这是一份长期且可靠的工作，对我和我的家人来说都非常重要。"目前，LCR的700余名属地员工在1号公路运营养护的各个环节从事管理、施工等工作，共同守护着这条"梦想之路"。

刚果（布）国家一号公路的通车大幅缩减了道路运输时间，降低了运输成本，极大提升了刚果（布）的陆路运输水平，有力地带动了当地经济发展和民生改善。刚果（布）总统萨苏曾表示，自从刚果（布）独立以来，历届领导人都希望能够修建这条公路，最终是中国的建设者圆了刚果（布）几代人的梦想，中国是真心实意在帮助刚果（布）发展经济。

如今，这条多方共赢的"梦想之路"车流来往不断，承载着无数人的梦想，也见证着中非友谊通向更加美好的未来。

作者 | 中建国际 杨茜

嵌进“绿宝石”的“银色丝线”

在文莱，有四分之三的国土被广阔无垠的森林覆盖着。位于东部的淡布隆区是原始森林的集中地，这里有大片未经人类污染的原始雨林及丰富的稀有保护动植物，被誉为文莱的“绿宝石”。层峦叠嶂的峻峰，郁郁葱葱的植株，潺潺流动的溪水……这一切未经修饰的原始面貌，正是淡布隆原始雨林的天然写照。

▼ 文莱淡布隆跨海大桥

文莱淡布隆跨海大桥是连接文莱本土和淡布隆区的重要枢纽工程，托起了文莱新的发展希望。整个大桥技术难度和施工难度极高的CC4标段由中建六局承建，既在绿色建造方面彰显了中企实力，也带动经济发展拓展了幸福空间。

淡布隆国家森林公园又称乌鲁淡布隆国家森林公园。"乌鲁"在马来语里意味着遥远，在以前，想要从文莱本土到达遥远的淡布隆并非易事。由于历史的原因，淡布隆区成为游离于文莱本土之外的一块飞地。如今已经通车的文莱淡布隆跨海大桥，在历史上首次把文莱本土和淡布隆区从海上连成一体。由中建六局承建的文莱淡布隆跨海大桥CC4标段荣获2021年度中国建设工程鲁班奖（境外工程）。

大桥启用助力文莱发展

文莱陆地被马来西亚沙捞越州分隔为不相连的东西两部分，淡布隆区游离于文莱本土之外。文莱淡布隆大桥启用前，每天有数千民众，不得不乘船走水路或穿越陆地国境往返两地。"在大桥开通前，淡布隆的居民去首都非常麻烦，乘船走水路效率低下，走陆路又必须过境马来西亚，需要通过4个边境检查站。"文莱当地媒体报道。

文莱人喜欢开车出行，但由于之前没有桥，靠水路往返于首都和淡布隆区的人们只能在两边码头各停放一辆车，十分麻烦且耽误时间。往返两地的汽船不大，但高峰期要容纳二三十人，拥挤且汽油味道重。7文币（约合35元人民币）一张的船票，对于经常往返的人而言也是一笔不小的开销。

2012年，文莱苏丹在其66岁生日当天，提出了建设一条连接文莱本土和淡布隆区的跨海大桥的设想。2015年8月，中建六局在与多家国际知名承包商的激烈竞争中胜出，得到淡布隆跨海大桥CC4标段的施工机会。

2016年1月16日，文莱苏丹哈桑纳尔亲自为大桥的开工培土奠基。当地媒体《文莱时报》评价称，众人瞩目的淡布隆跨海大桥对文莱具有关键意义，它首次将被马来西亚林梦地区分割的两块国土重新连接在一起。

如今，已经竣工的大桥两边是郁郁葱葱的原始森林，鸟叫虫鸣不绝于耳，时不时还能看到正在觅食的松鼠、巨蜥等动物。大桥的施工没有影响这里原有的生态环境。站在海边眺望，大桥由北至南，如巨龙一般横卧于静静的文莱湾上。

绿色建造彰显中企实力

这座起于文莱本土、横跨文莱湾、终于淡布隆区的跨海大桥全长30公里，其中由中建六局承建的CC4标段约12公里，是整个大桥技术难度和施工难度最高的标段，曾让无数国内外同行望而却步。

为了减少施工对环境的影响，大桥采用英国标准建造，施工方案必须在文莱政府的EIA（环境影响评估）框架下进行，对环保的要求极为严格。项目部结合文莱政府的环保要求，建立了一整套严格的安全绿色施工评价体系，创新采用"钓鱼法"施工，所有机械设备"零着陆"，不触碰沼泽地面，不破坏雨林植被，全部在移动钢平台上完成桥梁桩基、架梁等作业，简而言之就是在桥上建桥。

项目所需的预制构件全部在国内生产，然后船运至文莱进行现场拼装。形象地说，就是用"搭积木"的方法"拼"出一座大桥来。前方"搭积木"，后方"造积木"。把施工现场搬到工厂车间，不仅释放了现场场地，而且极大地减少了粉尘、泥浆等建筑垃圾对原始森林环境的影响。

"淡布隆沼泽地高架桥施工，这种高难度的工作只有中国人能干！"文莱发展部长苏海米到项目观摩时赞叹道。

为了将施工对环境的影响降到最低，项目部专门成立了一个由8名环保专业大学毕业生组成的环保团队。文莱达鲁萨兰大学环境研究专业毕业生黄琳是这个团队的负责人。她说，在森林里施工是人类对野生动植物家园的侵犯，确保动物不受施工干扰，这是一切环保工作的出发点。

淡布隆原始森林是野生动物的家园，最常见的动物包括鸟类、蛇、鳄鱼、猴子和青蛙。为了确保动物不受施工干扰，每位新进场的工人都要接受严格的环保培训，其中有一条是施工产生的噪音不能影响森林里猴子休息。

根据文莱《环境保护法》相关规定，人类对森林里的任何动物都不能伤害，目击到野生动物，要及时向政府主管部门汇报。据现场工人介绍，施工中出现比较频繁的是各种蛇类，它们时常会冒险进入施工现场和生活区。而当这种情况发生时，所有人都不允许碰它们，要让它们自己离开，之后项目部还要立即向政府主管部门汇报。

除此之外，对森林里野生植物的保护也是环保工作的重中之重。孟加拉国主管Md Sabuj Howlader说，工人们事先被告知保持文莱原始森林的完整和清洁的重要性，如果大桥施工区域50米外要进行清表，或者机械设备对树木造成了损坏，都必须立即向政府林业部门汇报。

带动经济拓展幸福空间

由于交通条件的限制，作为文莱第二大行政区划的淡布隆区，人口只有8000左右，不到全国人口的五十分之一，大部分居民选择了去交通更为便利、发展机会更多的文莱本土生活和工作。淡布隆区坐拥文莱最大的自然景点国家森林公园和东南亚地区最大的热带雨林风光，但是同样由于出行的限制，旅游资源并未得到充分开发，导致旅游业一直未能成为文莱经济的支柱性产业。

▲ 文莱淡布隆跨海大桥项目举行“100万安全工时”庆祝活动，对先进集体和个人进行表彰。

▲ 项目创新采用“不落地”施工

如今随着淡布隆跨海大桥的建成通车，淡布隆国家森林公园的游客逐渐多了起来，淡布隆区的一些居民也开始计划将自己的房子打造成供游客暂住的民宿。“大桥将原有路程缩短了70公里。”文莱旅游局副局长萨利娜对媒体表示，有了大桥，游客前往淡布隆国家公园就非常方便了。“大桥通车有力促进旅游业发展，助力推动文莱经济实现多元化。”当地居民哈吉玛说，以前村里的年轻人喜欢去首都找工作，劳动力短缺成为进一步发展度假区的障碍。但是随着大桥的通车，越来越多的年轻人选择回到家乡工作。

淡布隆跨海大桥的建设为淡布隆地区居民创造了大量的就业机会。司机Wandi一度在家待业，如今他不仅在首都拥有了一份稳定的工作，而且还介绍自己的弟弟和朋友也都找到了合适的工作。司机Lee则由于掌握修船技术，被项目部雇用到维修队工作，收入比原来翻了一番。目前，他把自己的一双儿女均送到了文莱华语学校读书，他说，希望他们以后也跟着中国人做工。

项目自开工以来，已累计为当地和共建“一带一路”国家提供就业岗位近千个。为了实现属地化人才的可持续化发展，项目部每年都会参加文莱当地的就业招聘会，定期组织文莱的高校师生到项目观摩学习，并且与文莱高校合作，为当地大学生提供了累计近百个实习岗位。

从高空俯瞰文莱淡布隆大桥，就像一条银色的丝带拂过淡布隆这块绿光莹莹的宝石，鬼斧神工般与大自然浑然天成。2020年3月，这块“绿宝石”融入文莱本土的怀抱。这一座从文莱湾上拔起的跨海大桥，托起了文莱新的发展希望。

作者 | 中建六局　赵蓟生

在地中海岸放飞新梦想

阿尔及尔新机场项目是近年来中国建筑在阿尔及利亚承建的最具影响力和代表性的大型公建项目之一，也是中国建筑在地中海地区“一带一路”共建国家建设的重点项目。2018年9月，项目团队圆满完成履约任务，并协助业主开始试运营。新建成的机场作为北非地区最大的航空枢纽，对阿尔及利亚的经济转型和社会发展意义非同一般，正如时任阿尔及利亚总理塞拉勒在2014年10月30日新机场奠基仪式上所说的那样：“这是一项伟大的工程，它代表着阿尔及利亚的未来。”

在阿尔及利亚政府和人民高度关注的目光中，中国建筑阿尔及尔新机场项目管理团队打破诸多瓶颈，打了一场漂亮的攻坚战。新机场项目高效的施工进展、优异的质量以及中国建筑与各方密切合作的精神得到业主和监理的高度评价。

▼ 阿尔及尔新机场

中国建筑在阿尔及尔新机场项目建设期间，采用先进管理方式推进工程建设、突破技术难关、落实属地化用工，积极推动中国品牌走向世界，助力共建“一带一路”。

强强联合 优势互补

阿尔及尔新机场项目是阿尔及利亚政府重点工程，由西班牙PROINTEC公司依照欧洲规范和国际民航组织A级标准设计，建成后将成为年旅客吞吐量达1000万人次的4F级机场。

新机场项目是由中建八局和中建阿尔及利亚公司联合承建的交钥匙工程（EPC工程），业主为阿尔及利亚机场与服务管理公司，设计方和监理均为西班牙PROINTEC公司，项目工程师来自意大利、法国等欧洲国家以及阿尔及利亚本土，分包单位及供货商来自中国、西班牙、意大利、法国、美国、阿尔及利亚等国家。如何在这种“多国部队”联合作战的环境中，克服多种文化的冲突，以及对欧洲及阿尔及利亚标准的不适应，是项目经理部首先要解决的难题。

在工作部署上，项目经理部统筹兼顾，不分单位、不分专业，按区域划分管理任务，向各方灌输“目标一致”的思想，充分调动每个人的潜质；将中建八局的铁军精神与中建阿尔及利亚公司的海拓精神高度融合，将中建八局令行禁止的优势和中建阿尔及利亚公司的管理优势有机结合，碰撞出高效施工的火花，真正做到1+1>2。

在合作单位组织方面，项目经理部进场伊始，结合当地专业公司较少的实际，选择多家具有施工设备的公司负责提供设备和人力，并由项目负责技术指导和过程操作管理，极大提升了施工效率，快速追赶上前期延误的工期，满足了桩基和结构施工进度要求。

突破瓶颈 改写历史

新机场项目在建设过程中，克服物资匮乏等施工困难，排除长时间的雨季气候影响以及当地的各种政策限制，在工期内圆满完成了履约任务。

体量大、工期短、技术深、难度高、限制多、任务重……项目经理部承建责任范围内面对的各项挑战极大。“不为失败找借口，只为成功找方法”，这是全体管理人员的座右铭。

针对项目原材料采购难题，项目集中优势资源全球采购，以“1名中国专职清关管理人员+2名属地工程师+专业组配合清关”的优势组合，形成有效的全球采购链。截至2018年9月，共送货合计标准箱量5000多个，实现了精简人员编制、高效完成清关工作量的目标，成本控制成绩突出。

此外，机场高架桥根据设计常规的脚手架支撑体系，需要8600多吨钢管和360万个扣件，但是盘点汇总企业在阿尔及利亚的所有项目，仅能提供4600吨钢管和80多万个扣件，远远满足不了施工要求。为此，项目经理部提出“滑架支撑方案”，通过创新施工方式，提前4个月完成节点目标，节约人力投入150人、周转材料投入6100吨。

锐意创新 缔造精品

“精细化”“标准化”“信息化”是项目制胜的三大法宝。项目建设伊始，即根据企业相关制度制定项目各项管理制度，制定质量、安全、招标、结算、索赔、支付、文件管理等各项流程的专项管理规定，实现业务流程化。面对“保工期”“抢进度”等诸多困难，项目经理部创新施工组织方法，坚持“计划牵头，设计、技术先行”的理念，以技术创新保证整体项目进展。

在结构施工阶段，项目部坚持“计划引领、整合发运”，充分调动前后方资源，在跨越半个地球的长距离施工组织情况下实现了工厂、现场的良好互动，并创造性地将阿尔及利亚结构施工粗放式经营管理转变为装配式精细

▲ 阿尔及尔新机场项目

化多层次管理，以“大流水组织”实现了航站楼分段封闭的施工任务。

在航站楼钢结构工程施工阶段，项目团队通过设计优化以及全程监控工厂加工、运输和清关，最终实现了在现场仅用时110天完成了11000吨屋面钢结构的吊装施工，节省工期1个月，并节约钢材2500吨，得到业主的高度评价和赞扬。

针对机电专业原设计方案存在的不足，项目副总经理胡文明带领各个专业组对各个系统进行了多方面的探索与分析，重点关注原设计不合理之处以及项目报价中的亏损项，通过对行李系统、安检机、筏板排水、航空燃油等多个系统进行方案优化，创造了上百万欧元的经济效益。其中，对筏板排水方案的优化，还为工程的前期延误挽回2个月工期。

担责有力 保障履约

项目在推动工程建设的同时，不忘履行社会责任，尤其是为解决当地就业做出了重要贡献。项目积极雇用属地及欧洲员工，引进属地化及欧洲中高层管理人才加盟项目，属地化管理人员与中方管理人员比例达到1:3。项目经理部还为来自非洲、欧洲、亚洲多国的员工提供交流平台，通过组织多样活动让大家增进了解、并肩作战，在北非这片热土上谱写新的友谊篇章。

此外，项目积极推广中国品牌，借助项目的广泛影响力拉动中国产品走出去，其中航站楼钢结构、玻璃幕墙、花岗岩地面、登机栈桥、停机坪高杆灯系统、停车场路灯系统、机场燃油管道管材均采用中国产品，累计国内采购金额超过7500万美元。

如今，阿尔及尔新机场作为支撑北非门户的航空枢纽，见证着非洲与世界互利共赢的美好故事，更记录着中国建筑助力“一带一路”发展，共建人类命运共同体的生动实践。

作者 | 中建八局　王全震、樊鹏

明珠镶玉带 匠心筑坦途

在素有“印度洋上的明珠”之称的斯里兰卡，白色的波涛轻轻拍打着汉班托塔深水港。从这里驱车向北，一条双向四车道的现代化高速公路蜿蜒向前，宛若镶嵌在印度洋明珠上的一条“玉带”，一直通向230公里的远方。

这就是中斯两国政府共建“21世纪新海上丝绸之路”的重要工程项目之一——斯里兰卡南部高速延长线项目。该项目是连接斯里兰卡首都科伦坡和南部省的重要交通工程，被当地百姓誉为“通向未来的致富路”。

▲ 斯里兰卡南部高速项目航拍图

斯里兰卡南部高速延长线是斯里兰卡第一条E级高速公路，连接着中斯人民的深厚友谊。中国建筑项目团队坚持绿色建造、品质履约，促进了科伦坡港、汉班托塔港、汉班托塔机场和科伦坡国际机场的互联互通，带动了当地经济快速发展。

跨江越岭 筑梦锡兰

道路是社会经济发展的动脉。位于斯里兰卡南部的汉班托塔港是南亚地区重要港口之一，距离世界最繁忙的国际远洋东西主航线不到10海里，全球1/2以上的集装箱货运、1/3的散货海运以及2/3的石油运输取道于此，被誉为“印度洋的心脏”。尽管在世界海运航线上扮演着举足轻重的角色，汉班托塔港与首都科伦坡之间的陆路运输却长期依靠一条拥挤的A2国道，机动车与非机动车混行，全程需要七八个小时，难以满足汉班托塔港及周边产业园区日益增长的物流需求。

2015年7月，斯里兰卡南部高速延长线项目在时任斯里兰卡总统迈特里帕拉·西里塞纳的见证下正式动工，为这片古老的土地注入了新的活力。项目共包含4个标段，全程96公里，双向4车道，设计时速120公里。中国建筑承建的第二、三标段全长41公里，是中国建筑在斯里兰卡承接的第一个大型基础设施项目。

2020年初，南部高速延长线全线通车，中国建筑承建的第三标段成为全线4个标段中首个主线沥青路面全线贯通、首个拿到交工证书并率先通车运营的标段。如今，斯里兰卡南部高速公路延长线全线通车已满三周年，将首都科伦坡至汉班托塔市的车程缩短至2.5个小时，实现了科伦坡港、汉班托塔港、汉班托塔机场和科伦坡国际机场的互联互通，成为斯里兰卡经济发展的一条“大动脉”。

斯里兰卡前总统马欣达表示：“中国是斯里兰卡的真诚朋友，为斯里兰卡国家发展提供了巨大支持。”

绿色建造 擦亮品牌

2014年，中国建筑项目团队正式进场。彼时，项目所在的汉班托塔地区是大片的农田、村庄、椰子林，平原、高

▲ 斯里兰卡南部高速项目团队

山与丘陵交织，斯里兰卡境内第二大河流瓦拉维河从其中潺潺流过。在全年高温高湿的斯里兰卡，旱季酷暑炎热，雨季洪水频发、蚊虫肆虐。想要在这里建设斯里兰卡首条E级高速公路，不仅要克服恶劣气候的挑战，还要受到水利设施、地理性标志建筑、珍贵树种和野生动物区保护政策制约。

项目团队结合当地环保要求，在建设伊始便联系斯里兰卡NBRO（国家建筑研究院）及GSMB（地矿勘探局），建立了一整套严格的安全绿色施工管理体系，对项目沿线空气、水质、噪音、振动等环境因素进行监测，并对距离红线75米范围内房屋进行裂缝调查，最大限度控制施工对生态环境的影响。在建设过程中，引入节能减排、智能交通等现代化高速公路建设理念，推广运用公路绿色低碳技术；创新绿色设计，坚持绿色施工、采购绿色建材，构建环境友好型生产方式和运营模式；控制主线最大设计纵坡在3%以内，在满足车辆行驶条件的同时，降低单位车辆能耗。

▲ 斯里兰卡南部高速项目梁场

除此之外，对沿线野生动植物的保护也是环保工作的重中之重。项目联系第三方公司对沿线动植物群落进行实地调研并发布报告，根据报告中野生大象的迁徙习惯，调整高速路通道的尺寸和位置，重新设计了大象通道，体现人与自然和谐共生的设计理念；栽种碳汇能力强的植物物种，最大程度减少公路建设对沿线生态植被的破坏。项目团队为周边村民打钻深井90多口，解决农田灌溉难题，共建和谐绿色家园。

品质履约 打造标杆

作为集团在斯里兰卡首个基础设施项目，项目始终坚持品质管理、价值创造，为高质量共建“一带一路”打造精品工程、标杆工程。

设计施工采用了英标、美标、澳标等多国规范，施工中始终坚持方案先行、样板引路原则，所有结构物全部采用钢模板，混凝土结构内实外美，成型精确。积极探索引用国内先进安全标准化防护设施，打造了斯里兰卡第一个标准化T梁预制场，规范了桥面施工水平硬质防护，自制笼梯和桥面挂篮有力保障了跨河桥上部结构施工安全。项目管理技术成果先后斩获2020年国际安全奖、2022年中国建设工程鲁班奖（境外工程）。

当地混凝土供应短缺、协调不便，项目便自建搅拌站，为工程建设和高效履约奠定坚实基础；当地缺少高速公路专业管理人员和技术人员，项目就自行招聘、培养……开工以来，项目克服政局动荡、材料短缺、气候环境恶劣等各种困难，提前两个月实现全线通车。项目进度、质量、安全等方面受到业主及当地政府的高度认可。

2019年12月，项目业主斯里兰卡道路发展署（RDA）向第三标段项目致感谢信：“项目施工进展快，注重安全、环境和质量工作，积极承担社会责任，展示了中国建筑强大的企业实力，给我们留下了深刻印象。”

连接幸福 筑就坦途

建设过程中，项目团队积极引进中国先进施工技术和施工理念，带动当地产业就业岗位2万余个，建立了当地第一所安全教育示范与专业技能培训基地，编写英文与僧伽罗文双语培训教材，分批次安排当地员工到中国观摩学习。建设期间，项目组织学习观摩会，吸引斯里兰卡最著名工程类大学——莫勒图沃大学等高校师生多次到项目观摩交流，为当地后续基础设施建设储备了大量高质量技术人才和施工专业人才。

Pubudu Gunarathne是项目的一名属地工程师，在中国建筑工作了7年时间。2016年，大学毕业不久的他加入了南部高速项目，开启了自己与中国建筑的缘分之旅。现在，Pubudu已经是斯里兰卡ODEL商场扩建项目工程部副经理。像Pubudu一样，许多在南部高速项目工作过的年轻人在项目结束后，继续用中国技术和中国施工经验建设自己的家乡。“他们已经成为斯里兰卡基础设施建设的重要力量。”时任南部高速延长线第三标段项目经理李鹏表示。

项目还积极履行社会责任，举办“缘聚‘一带一路’”集体婚礼、“汉港杯”迷你马拉松，成立“筑梦锡兰”志愿者服务队，先后多次开展慈善义诊、抗洪救灾、生态维护、扶贫助学等公益活动，为当地百姓募捐善款150多万卢比、捐赠物资价值约200万卢比，惠及项目周边5000余人，切实践行“共商、共建、共享”理念，推动实现合作共赢。

项目业主方代表、道路发展署官员坎达摩比评价南部高速延长线项目是“南部地区居民的希望”。“现在，谈及中国建筑，当地居民都会竖起大拇指。”坎达摩比说。

路路相连，美美与共。斯里兰卡南部高速公路延长线犹如镶嵌在印度洋明珠上的一条玉带，连接着中斯人民的深厚友谊，带动了当地经济快速发展，书写了中国建筑人高质量建设“一带一路”的精彩篇章。

作者 | 中建三局　冯嘉钰、任鹏
中建国际　李安、邹长平

用责任担当打通阿联酋铁路大动脉

▲伊提哈德铁路二期项目

“伊提哈德”在阿拉伯语中译为“团结、联合”，伊提哈德铁路是一条寓意要将阿联酋资源联合起来的铁路。中国建筑伊提哈德铁路二期A标项目团队攻坚克难，向当地人民交上一份满意答卷，诠释了中国速度和中国质量。

2009年，阿联酋政府开始筹划建设总长度约1000公里的伊提哈德铁路网，作为海湾铁路网最核心的部分。“伊提哈德”在阿拉伯语中译为“团结、联合”，这条寓意着要将阿联酋资源联合起来的铁路网，是阿联酋政府投资的唯一一个铁路项目，也是阿联酋远景规划及阿布扎比2030年经济远景计划的重要战略项目。

践行社会责任 筑铁路促民生

2019年3月，伊提哈德铁路二期项目正式启动。中建中东公司凭借在阿联酋地区深耕多年树立的品牌形象，受到政府和伊提哈德公司一致认可，顺利承接下铁路二期A标的建设任务，成为首家进入阿联酋铁路市场的中国企业。

作为阿联酋关乎民生的旗舰项目，伊提哈德铁路二期A标项目获得阿联酋皇室、政府官员以及其他社会各界的高度重视。2020年初，在疫情阴霾的笼罩下，阿联酋许多项目被迫中止。中国建筑伊提哈德铁路二期A标项目团队力排万难，在保证安全和质量的前提下，提前完成计划节点，向业主和当地人民交上了一份满意答卷，诠释了中国速度和中国质量。

2021年1月8日，阿联酋皇室成员及多名政府官员出席项目铺轨仪式，共同见证铁路建设的关键性时刻。

2023年5月15日至16日，中建中东公司应邀参加了在阿布扎布国家会展中心举办的第17届中东铁路论坛暨展览会。此次展览会吸引了来自不同国家的300多个参展商。展会上，伊提哈德铁路二期A标项目董事向参观展位的业主单位、合作伙伴和分供分包商介绍了伊提哈德铁路二期A标段项目的履约成果、中建中东公司的发展历程以及未来的发展规划。这是中建中东公司与其他业内同行进行广泛交流的一次活动，加强了与国内外合作伙伴的联系与沟通。

承担融合责任 营造融洽氛围

在1000多人组成的项目团队中，外籍员工的比例超过85%，有来自伊朗、阿曼、印度、巴基斯坦、埃及、加纳、泰国、柬埔寨、越南等多个国家的不同员工，大家语言、宗教信仰、生活习惯等方面都有不小的差异。以简单的项目进度会为例，就交织着中文、阿拉伯语、英文、印度语等好几种语言，仿佛缩小版的“联合国”会议。为此，项目部在尊重各国员工文化的基础上，通过开展各种跨文化融合活动，促进员工之间的相互了解与交流，形成互信、合作、开放沟通以及多种文化交融的良好企业文化氛围。

来自叙利亚古城巴尔米拉的阿瓦德是项目计划部的一名工程师。自从2008年离开家乡后，他辗转于法国、意大利、尼日利亚、阿尔及利亚、沙特等多个国家工作。2019年，他加入中国建筑，在这里，项目和谐温暖的氛围让他找到了家一般的亲切感。在接受人民日报驻叙利亚记者采访时，他诚挚地说起：“在这里，大家心往一处想、劲往一处使，工作过程中建立起来的友谊远远超过了简单的雇佣关系。我真的很钦佩你们，在建设自己国家的同时，也在全心全意地帮助这里的人民过上更好的生活。”

在施工过程中，项目团队克服了重重困难与挑战。这里自然环境恶劣，铁路项目建设条件十分艰苦，且夏季高温、沙尘暴肆虐，广袤的沙漠放眼望去不见边际、寥无人烟。在数不清的日夜里，项目团队只能与黄沙为伍、与烈日为伴。

疫情期间，为了保障按时履约，项目部强化计划管理，倒推工期，安排生产，将22万支轨枕一块一块地运输、对准、铺设，18万节铁轨一条一条地移动、焊接、检测，最终如期高质量完成了重大施工节点，向业主交付了令人满意放心的工程。

在项目建设过程中，中建中东公司这支平均年龄不超过31岁的精壮队伍齐心协力、心无旁骛，将几百个日日夜夜奉献给了这片荒漠，换来的是当地国际货物运输枢纽地位的进一步提升，促进了当地经济更多元化的发展。他们在寥无人烟的荒漠上打通了一条铁路线，促进了中东海湾国家交通物流枢纽的互联互通，为阿联酋的经济提供了新鲜的养分。

肩负环保责任 呵护生态多样性

沙漠腹地的生态环境比其他地方更为脆弱，建设铁路带动当地经济绝对不能以牺牲环境为代价。早在2017年筹备项目期间，公司基础设施事业部就联系到了阿布扎比政府环境署的官员和生态学家，对铁路沿线区域精心勘察梳理、耐心分析制定方案，以最合理的方式，给予沿线动植物细心的安置和照料。在征求了当地政府、阿布扎比环境署、国际翎颌鸠基金委员会以及环境咨询公司RENEC等多方的意见后，项目团队最终确定了搬迁的方案：在保护区南边规划出一片同等大小、生态环境相似的区域作为修复的新保护区，为动物和植物换新家。

铁路网建成后，每年可减排220万吨温室气体，相当于从公路上移除了37万辆小汽车。一辆满载货物的铁路货运车的运力约等于300辆货车，有效降低了交通拥堵、交通事故、道路修护等方面的损失。

此外，项目采取就地取材建造人工泻湖以节约水资源、合理循环使用废集料、每月跟踪垃圾清理填埋情况等一系列环境保护措施，深受业主和当地政府认可，这些成功做法均成为后续标段工程建设环境保护的模板。

项目的成功实施对中建中东公司推进业务结构转型升级、积极践行共建“一带一路”倡议具有重要意义。2022年，伊提哈德铁路二期A标项目荣获由沙特PMI颁发的项目卓越大奖，中建中东公司作为首个获奖的中国企业，其社会与行业认可度再次得到彰显，在中东地区的优质品牌形象更加突出。

作者 | 中建中东　袁彬

▼ 伊提哈德铁路二期项目通车运营

▲ 乌兹别克斯坦锡尔河1500MW燃气联合循环电站项目效果图

打造绿色电站 点亮千家万户

时维八月，序属仲秋。在乌兹别克斯坦锡尔河州希林县城以西5公里处，全球最先进的9H级燃机项目、乌兹别克斯坦首个IPP项目和最大的电站工程即将把电力送往千家万户。

中建集团承建的锡尔河1500MW燃气联合循环电站项目是当地“一号工程”。项目采用目前世界上燃烧温度最高、单体功率最大、效率最高的燃气轮机和“废水零排放”设计方案，是世界领先高效的绿色节能环保工程。项

作为当地的"一号工程"，乌兹别克斯坦锡尔河1500MW燃气联合循环电站项目并网投运正式进入倒计时。项目建成后将惠及乌兹别克斯坦百万民众，开辟中乌合作互融、互利共赢的新局面。

目建成后，每天可向当地电网供电3600万千瓦时，充分满足锡尔河、布哈拉、撒马尔罕三大州的用电需求，惠及乌兹别克斯坦百万民众。

逆势而上破解难题

"刚来的时候，我们感觉很不适应。在国内能够轻松解决的事情，在这里却颇为不易。"项目负责人陈宗平举例说。在国内，如果项目遇到赶工期，一个小时内就能调集多家供应商提供物资保障；但在乌兹别克斯坦，因为初来乍到，又赶上疫情，可能一拖就是一周。

项目当时正面临三个重大节点，距离最近的工期节点只有不到一个月的时间。"那时候，有些年轻同事很焦虑，经常晚上睡不着来找我谈心。"陈宗平说道。

陈宗平鼓励项目团队，"中国建筑从来都是在战胜困难中发展、成长、壮大的，我们代表的不仅是自己，更是中国建设者的形象。三个履约节点，我们一定要按期完成！"

国外发电站项目的建设与国内有着极大不同，为了区分设备用途、酸碱性条件、造型层高差异，必须坚持走出去、引进来相结合。有技术经验的老同志带领年轻同志走出去求学，引进先进的经验方法；项目班子走出去协调各方事宜，引进多方资源……大家劲儿往一处使，接连完成三个节点目标，项目产值连创新高，甲方连续发来多封表扬信，"敢打硬仗、能打胜仗"成为当地人对中国建筑的评价。"现在，我们说中国建筑的项目招供应商，大家纷纷响应，还能优先安排发货。"项目生产经理潘小勇自豪地说道。

▲ 乌兹别克斯坦锡尔河1500MW燃气联合循环电站项目建设现场

顺势而为寻求优解

燃机单循环发电节点是"废水零排放"设计中的关键部分，为了顺利完成这个节点，项目团队奋战半年有余。当时正值冬季，取水口必须要在大雪来临前完成施工，否则整个工期预计耽误超过4个月。

取水口位于水流湍急的锡尔河中，河水流速达每秒3.9米，人工作业危险性大，且基坑深度达8.4米，开挖深度达8.9米，施工空间极其狭小，属于危险性较大的深基坑。为了解决围堰问题，项目团队邀请上海大学相关专业领域的教授进行深基坑围堰设计授课。经过专家论证，项目团队突破了乌兹别克斯坦传统土石围堰方式，创新选择了抗弯能力更强的TC型锁口钢管桩围堰。对策有了，这一难题似乎成功解决了，然而项目团队跑遍了中亚市场，都没有找到符合标准的锁口钢管桩。如果从中国采购，运输时间将

▲ 乌兹别克斯坦锡尔河1500MW燃气联合循环电站项目将把电力送往乌兹别克斯坦普通家庭中

超过10个月，仍无法满足履约要求。

面对这种局面，甲方和项目部当机立断："买不到成品，那就自己制造！"项目立即成立技术攻坚小组，联系当地的钢构厂进行加工制作。经过设计、选材、焊接，成功制作出70根符合标准的直径为660+100mm的锁口钢管桩，首次在中亚地区自主实现了大直径锁口钢管桩围堰施工，为后续按时完成主体结构混凝土浇筑提供了坚实保障。

该项目第一阶段倒送电一次成功，标志着项目已具备后续调试和向外送电条件，并网投运正式进入倒计时。

合而成势共奏交响

伴随着"一带一路"建设的深入推进，越来越多的属地员工加入项目团队。项目部聘请了来自各国的12名外籍员工，组成了一支包含4个国家、4个民族员工的项目团队。为了让项目管理更加标准化、专业化，中外员工合作更紧密、感情更深厚，项目积极采取了"师带徒，结对子"的方式。

金泽是一名曾在中国留学的乌兹别克斯坦籍员工。在项目建设伊始，他担任翻译，但对于他这样初次涉足工程建设领域的人来说，钢筋、模板、水泥这些陌生的词汇让金泽感觉陌生和局促，于是项目为他安排了一位施工经验丰富的中国师父——潘小勇。

"师父很严格，拿着图纸总会要我给出最准确的翻译，每个专业词汇都要来回琢磨好几遍。"在潘小勇的悉心指导下，金泽对工程建设的了解不断加深，成为一名工程师的梦想在他心里逐渐埋下了种子。师父潘小勇知道后，开始带着他全方位参与项目建设，检验计划执行，参与业主、监理、总包的联合验收……经过一年时间的培养，金泽正式从一名翻译变成一名工程助理。现在，这对师徒最大的愿望就是把发电站建好，因为这项工程不仅关系到金泽这样普通百姓的生活，也对乌兹别克斯坦的发展意义重大。

"无数铃声遥过碛，应驮白练到安西。"千年之前古丝绸之路的盛况犹在眼前。紧跟"一带一路"倡议，中国建筑坚持共商共建共享原则，把基础设施"硬联通"作为重要方向，把机制规则"软联通"作为重要支撑，把共建人民"心联通"作为重要基础，正在续写中乌合作互融、互利共赢的时代新篇。

作者 | 中建五局　刘思思、赵悦、翁丽玲、温锐、潘小勇

播洒甘霖润民心 共筑中肯友谊线

▼肯尼亚BULK供水管线项目部分管段

在距离祖国万里之遥的肯尼亚，密林深处有一条长达60公里的供水管线，即将为该国首都内罗毕源源不断地输送干净卫生的饮用水。这就是由中建二局安装公司负责建设的肯尼亚BULK供水管线项目。该项目是肯尼亚政府规划的重点供水基础设施工程，建成后将解决肯尼亚首都和沿线300万百姓用水问题，是首都内罗毕的供水“生命线”。

守望互助 打通管线送甘霖

肯尼亚是世界上缺水最严重的国家之一。2016年，肯尼亚阿斯水务局希望通过建设内罗毕BULK供水项目，解决首都300万居民的用水问题，中建二局安装公司接过这一重任。

长约60公里的肯尼亚BULK供水管线项目，建成后将解决肯尼亚首都和沿线300万百姓用水问题，该项目不仅将成为肯尼亚首都内罗毕的供水“生命线”，更将成为紧密联系中肯两国人民友好交往的新纽带。

茫茫荒原，杳无人烟。施工现场原始丛林密布，没有网络信号，无处不在的蚊虫让大家不堪其扰；山陡坡峭，测量工作开展也十分困难，建设过程异常艰辛……

在非洲耕耘了13个年头的项目经理刘海涛，面对这种局面却从容有度。为迅速破局，他因地制宜制定施工计划，旱季优先完成坑洼处施工，避免雨季积水无法作业；雨季则选择在较为平坦的地点及地势较高的位置施工，保证了施工进度。

几年间，项目团队克服了语言沟通障碍、随时停水停电等困难，打通了管线，受到肯尼亚水利部的赞赏。管线通水的一刻，村民们围着水管手舞足蹈，喜笑颜开。村民纳瓦度是项目焊接工人，在人群中挥舞着双手大声喊“瓦拆呐，萨瓦，萨瓦！（中国人，真棒，真棒！）”

技传东非 授人以渔带高徒

项目建设还为当地百姓提供了测量员、焊工等300多个工作岗位。除了教授职业技能，也为当地居民创造了就业机会。

工作中，项目生产经理于春雨的一大收获便是带出了“洋徒弟”，还给他起了一个中文名“王约翰”。和王约翰一样，大多肯籍员工没有相关专业背景或工作经验，刚接触测量作业时困难重重。工作初期，他们除了基本的水准测量工作，只能做些放线的体力活儿。

为让肯籍员工尽快掌握施工建设技能，项目将国内的“导师带徒”模式复制到了非洲当地——开设测量、焊接、安全等带教课程，13位师父轮番教学，连续65天、每天1小时授课……经过教学培训，王约翰等一批肯籍员工学会了水准仪的标准使用流程，可在30秒内架好设备，读取误差不超过3毫米。

▲ 中国师父于春雨与肯尼亚徒弟王约翰

▲ 当地孩子在项目组织的活动中合影

▲ 肯尼亚BULK供水管线项目锡卡大坝至捏图处理厂管段竣工移交仪式

授人以鱼，不如授人以渔。越来越多的外籍员工在项目建设过程中学到了专业知识，成为了建筑工程师，属地熟练工人实现了从零到百的增长。“项目所有技术工种、操作手属地化率100%，他们练就了一身过硬的本领。”刘海涛表示。项目团队带给了当地百姓知识与技能并重的“软实力”。他们有了一技之长，未来无论去哪里都能找到工作，成为推动项目建设的新“引擎”，生活水平也得到了较大幅度提升。

互融互促 共筑中肯友谊线

中建二局建设者输送的不仅是水，他们在异国他乡，传道、授业、解惑，更在合作中传递着友谊。

位于茫茫高原上的基戈罗村是靠近施工现场的一个村落，从前人迹罕至。村里许多年轻人因参与项目而得到了工作、学到了技术，有稳定的收入养活家庭。

王约翰一家的生活也发生了巨大的转变。凭借在项目工作的收入，他不但帮助家里把破旧的老房子翻新了，还供二姐艾丽莎攻读内罗毕大学医学研究生。王约翰的父母一有时间便把蔬果送到项目部，给中国建设者尝尝特产。“这些来自中国的建设者已经成为我们村庄的成员，邻居们也很欢迎他们。”王约翰的父母说。

村民们对带动年轻人就业的中国企业充满了友善之情。为了方便施工，他们把村口的一片空地租给项目建起了临时营地。由于当地昼夜温差较大，每到夜晚，集装箱里的温度都会骤降近10摄氏度，忽高忽低的温度变化常使中方员工水土不服，容易感冒发烧。村民得知这一情况后，自发为项目员工提供当地药品。

“中国推动项目建设，让我拥有了稳定的工作和丰厚的收入，更重要的是，我能投身肯尼亚基础设施建设，报效家乡。”纳瓦度动情地说，“它不仅仅是输水管线，还是一条肯中友谊线，和中国同事们在一起，就像一家人一样简单快乐。”

从“驼铃古道”到“丝路高铁”，穿越千年、绵延万里的古老丝路，因“一带一路”倡议而重现荣光。而在东非高原上，一条60公里的供水管线，成为紧密联系中肯两国人民的纽带。这份来自中国和肯尼亚两个国家、两种文化的交往也将持续浇灌中肯友谊之花，成为在这片土地上的每名建设者最宝贵的记忆。

作者 | 中建二局　王东坡

棉兰高速串起中印尼友谊“同心圆”

▲ 棉兰高速连接棉兰市区和瓜拉纳姆机场

在万岛之国印度尼西亚北苏门答腊省北部，由中建四局承建的棉兰—瓜拉纳姆高速公路连接北苏门答腊省首府棉兰市区和印尼第二大机场——瓜拉纳姆机场，如一条银色玉带延伸铺展。作为中印尼两国政府签订的重要基础设施项目，棉兰—瓜拉纳姆高速公路为两国的经贸合作新发展奠定了坚实的基础。

海啸援建 心手相连

作为世界上最大的群岛国家，印尼拥有17000多个岛屿、总人口超过2.7亿，是东盟最大的经济体，但高速公路等基础设施建设领域的不足极大制约了经济发展。为突破这一发展瓶颈，借东盟“互联互通”促进本国交通基础设

棉兰高速项目被视为中国与印尼两国友谊的象征，由中建集团联合多家单位组成联合体共同承建。从援建结缘，到拓路联通，中建四局的项目团队用匠心、爱心与恒心赓续中印尼友谊，促进民心相通。

施建设，印尼在“加速与扩大全国经济建设蓝图”的中长期规划中，把高速公路建设列为重点之一。印尼公共工程部提出，以爪哇岛和苏门答腊岛为主，在全国建成总里程5405公里的高速路网。

中建四局与印尼的结缘，可追溯到亚齐海啸援建工程。2004年12月，苏门答腊岛附近海域发生里氏9级地震并引发海啸，造成印度洋沿岸各国人民生命财产重大损失。2005年初，中建四局组织人员奔赴印尼，义无反顾地承担起中方援建的60套板房施工任务，包含34所学校、17所幼儿园以及9处政府办公室，总建筑面积超过2万平方米。在满目疮痍的灾后现场，中建建设者走村串寨，高效高质完成项目，赢得了印尼民众的称赞。

2006年12月，60套板房项目正式交接，并被中华人民共和国商务部评为优质工程。时隔六年，2012年11月，棉兰高速项目正式开工，从“心联通”到“硬联通”，中建四局与印尼人民的连接更加紧密。

▲ 棉兰高速Parbarakan立交

攻坚克难 保障履约

棉兰高速项目被视为中国与印尼两国友谊的象征，标志着两国经贸合作进入到一个新阶段。项目全长17.8公里，由中建集团联合多家单位组成联合体共同承建，这也是中建四局在印尼基础设施建设领域取得的首个突破。

棉兰是印尼仅次于雅加达、泗水的第三大城市，也是苏门答腊岛最大的城市。2012年4月，时任项目商务经理兼中建方代表张华到了棉兰才发现，项目面临着前所未有的挑战：征地困难、语言不通、施工标准不一致、人员管理难度大……一个又一个问题出现在团队面前。

千难万难摆在眼前，主动迎战是干出一片天地的关键。为了尽快找到突破口，项目团队重点从图纸设计、分包管理、物资设备几个方面进行全面梳理，找出原设计方案与现场地勘不符合之处，进而优化设计方案，加快项目推进速度。项目团队还将国内商务合约、物资设备管理经验带到项目上，实行并轨管理，大大提升了工作效率、降低了钢筋损耗率。

印尼是21世纪海上丝绸之路的首倡之地，棉兰高速项目在建设过程中“输出管理、输出标准、输出智慧”，推动规则标准“软联通”，促进我国与共建“一带一路”国家的务实合作。项目团队的优质履约，赢得了印尼方业主、监理对工程质量的高度赞赏。印尼总统佐科·维多多（Joke Widodo）先后三次视察项目，并对工程质量给予高度评价。

赓续友谊 民心相通

属地化用工是“一带一路”海外工程项目的特色，你中有我，我中有你，促进工作交流互通。棉兰高速项目是真正的两国联营，项目建设过程中，两国员工吃在一起、

▲ 棉兰高速STA.0+690主线段

住在一起、工作在一起。

陈香蓉作为项目的合约行政专员，是第三代华裔印尼人。第一次加入多元文化的工作团队，她从仅会说简单的中文，到在工作中认识更多与工程相关的专业词汇，在工作方法、管理方法等方面都有了新的提高。她说："虽然大家来自不同国家，但我们共同克服了文化和语言障碍，高效完成了建设任务。在这里，我获得了一段宝贵而难忘的经历。"考虑到当地人的宗教信仰和生活习惯，项目为印尼籍员工单独开设食堂，并为穆斯林安排了一间祈祷室。此外，项目经常组织两国员工开展各类文体活动，不仅丰富了大家的业余生活，更提振了项目部的士气，使大家愈发团结。

项目不仅为中企创造了效益，也带动了当地相关行业的发展，与当地建材、运输等产业链上的众多企业及当地高校建立了密切的合作关系，通过校企合作、岗前培训和雇佣当地员工，为当地提供了大量就业岗位，培养了一批技术和管理人才。

2018年1月，项目建设的4座高架立交桥、8座主线桥和一座跨线桥实现全面竣工，大大缩短了游客前往印尼十大旅游景点之一的多巴湖的路程。同时，项目极大改善了棉兰及周边地区的交通，为当地吸引了更多的游客，提振了苏门答腊省北部的观光旅游业。

志合者，不以山海为远。从援建结缘，到拓路联通，中建四局的项目团队用匠心、爱心与恒心在印尼画出了一个同心圆。在这里，幸福的绘卷正在徐徐铺展开。

作者 | 中建四局　苏润菁、周炯

中国“智”造 为曼谷插上“新翅膀”

▲ 泰国素万那普机场新航站楼全景

在东南亚中南半岛，坐落着一座“天使之城”——泰国首都曼谷，这里包罗万象、融合东西方文化，是东南亚地区第二大城市，也是全球最受欢迎的旅游胜地之一。素万那普国际机场距离曼谷市中心约25公里，是东南亚地区最重要的航空枢纽之一。随着泰国旅游业的快速发展，机场客流量已达原设计极限，保障能力不足问题愈发突出，扩容迫在眉睫。

中国建筑承建的素万那普机场扩建项目是泰国“东部经济走廊”计划以及“泰国4.0”经济战略重要民生工程之一，新航站楼总建筑面积21.6万平方米，可容纳客流量将从此前的每年4500万人次增加到6000万人次，有效改善老航站楼客流量压力过大的状况，助力泰国旅游业进一步发展。

匠心履约展现“中国智慧”

项目作为重大标志性民生基础设施工程，受到泰国

中国建筑在承建素万那普机场扩建项目期间，攻坚克难按时优质履约，应用科技手段创新工程建设，促进当地经济社会发展，在实施过程中积极践行人类命运共同体理念，构筑互利共赢的合作模式。

政府和社会各界的广泛关注，由于项目建设的迫切性，合同工期被压缩到36个月。项目团队攻坚克难、精诚协作，5个月完成土建结构封顶，3个月完成钢结构封顶……2019年1月，项目主体结构提前65天封顶，钢结构工程提前22天完工，均创造了泰国当地同类机场建设纪录，让“中国速度”享誉泰国。

建造速度的背后，是蕴含在项目全过程建设细节里的“中国智慧”。泰国建筑业结构建设主要以工具式模架为主，当地模架供应商整体规模难以在短时间内供给和满足建设所需的支撑体系。项目团队制订了多种工具式支撑模板体系组合的施工方案，一种可以整体脱模、直接转运和重复使用的“飞模”应运而生。“飞模”的投入使用，能够在确保支撑模板体系安全的基础上，大幅度地简化支拆脚手架模板的程序，从而加快项目建设进度。

泰国机场公司（AOT）总裁表示：“素万那普机场是东南亚主要的航空枢纽之一，对曼谷地区和全泰国的社会

▲ 泰国素万那普机场内景

经济发展十分重要，机场相当于一个城市的翅膀，中企修建的新航站楼就是曼谷的‘新翅膀’！”

科技应用助力“不停航施工”

由于项目工程结构复杂，项目团队便从国内调集了一批BIM专业技术工程师，自深化设计阶段就成立了BIM技术团队，从图纸、施工方案、施工进度、竣工模型等方面为项目建设提供全方位的BIM技术服务。运用BIM技术，将项目各专业集中于统一的BIM模型中，解决了不同专业及不同语言人员之间的沟通协调问题，促进了各类施工资源的整合和利用，有效提高了项目总承包管理水平。

作为泰国第一个全周期应用BIM的工程，项目在履约过程中集成应用了Dynamo、3D扫描、P6、云计算等技术，为项目高效推进提供技术支撑。其中，BIM技术应用达到LOD500级水平，P6项目管理软件与BIM模型的深度结合实现了进度计划的4D管控，三维激光扫描技术应用将D大厅原有结构实景重现，全程、全息提取现场尺寸及相关精确参数，保证了既有结构改造工程能够“不停航施工”。

基于项目团队优秀的履约能力，项目先后获得泰国劳动保护和福利部颁发的“职业安全和健康管理”金奖、泰国职业安全与健康机构颁发的“职业安全和健康管理标准”金奖、泰国劳工部“零事故”银奖、英国安全协会“国际安全奖”等荣誉。

命运与共“中泰一家亲”

项目作为中国建筑致力于高质量共建“一带一路”倡议的亚太地区重点工程，团队在实施过程中积极践行人类命运共同体理念，构筑互利共赢的合作模式，在分工协助、资源共享、知识交流中带动相关产业发展，为当地提供约1.5万个就业岗位，促进了当地就业和人才培养。

受益于中国建筑全球化布局平台以及延伸上下游全产业链优势，项目建设过程中采用的大型机械设备、玻璃幕墙材料、移动登机桥、核心部位大跨度双曲弯扭构件等，大部分都来自中国制造顶尖品牌。同时，中国建筑将积累的大量适用技术与当地资源共享，广泛举办各类技术培训班，培养了数千名当地产业工人，并引进泰国属地高端人才，为中泰人才交流和属地化管理树立了良好的典范。此外，项目建设所需的主要物资，包括混凝土、钢筋、钢结构、装修材料等均在泰国当地采购，为泰国经济发展注入新的活力。

在高空俯瞰素万那普机场，新航站楼呈“一”字形，与呈“双十字”形的老航站楼遥相呼应，在阳光下闪出耀眼的光芒，犹如一对时刻准备腾飞的“翅膀”，见证着中泰深厚的友谊，成为共建“一带一路”国际合作的新典范。

作者 | 中建国际　李安、王利龙

留下“一束光”情牵中印尼

▲印尼MBG光缆厂项目

光纤，是传输光束的介质。当光线以合适的角度射入光纤时，就会沿着光纤内壁不断实现全反射，从而实现光信号的高速传播。从一根细细的玻璃丝到能够容纳全球数亿人同时在线通话的介质，光纤拉近了人类的时空距离。

在印度尼西亚三宝垄肯德尔工业园区，坐落着目前东南亚最大的光通信产业园——MBG光通信产业园。每年300万芯公里光纤、300万芯公里光缆、2000公里海底光缆在这里生产，并运往世界各地，让沟通更加迅速、便捷。

2019年以前，这里只是一片荒芜的滩涂。中建四局的建设者们以“精诚善建”的文化品格，建造了一座高标准的光通信厂房，为这片土地留下“一束光”，联通两国人民的深情厚谊。

印尼 MBG光缆厂项目是中印尼共建“一带一路”、打造“两国双园”合作的代表性项目，有助于强化东南亚光通信网络基础，助力东南亚光通信网络实现新跨越。

坚持目标导向 推进高效履约

印尼 MBG光缆厂项目是中印尼共建“一带一路”、打造“两国双园”合作的代表性项目，有助于强化东南亚光通信网络基础，助力东南亚通信网络实现新跨越。项目团队在开工伊始，便将鲁班奖作为创优目标，致力于打造印尼工业厂房项目的标杆。

项目紧邻爪哇海，所在地是海边鱼塘回填形成的陆地，地质疏松，地基处理困难。项目最大单层建筑面积1.2万平方米，为防止不均匀沉降，项目部经过多次论证，采用我国先进的真空预压技术进行地基处理，打造稳固坚实的地基，确保地基与基础沉降稳定、可控。

项目坚持“以生产为根本、以客户为中心”的理念，围绕工期、质量、安全、绿色施工、创新创效等方面进行全周期策划。项目成立质量创优小组，严格落实中国建筑的标准化施工工艺，各项工序做到样板先行，特殊工序落实旁站监督，严格把控工程质量。项目在4个月内完成厂房一层、二层约15000平方米高支模，20天完成360平方米高大模板施工，于2021年4月25日顺利通过验收，获得业主来函表扬，在2022年11月获得中国建筑工程鲁班奖（境外工程）、中国建筑“一带一路”工人先锋号。

采用中国标准 坚持精益求精

项目不仅由中国建造，设计施工也全面采用中国标准。作为印尼首座万级洁净车间，项目对洁净度要求非常高。项目团队借鉴我国施工经验，制定周密的施工计划，进入洁净车间前全身消杀，穿戴脚套、手套后进入风淋室进行二次除尘，有效保障了洁净车间在施工过程中不出现二次污染，确保了洁净室封闭严密，净化系统运行高效。

为满足高标准的建设要求，项目团队主动学习，充分利用“每周一课”开展读图讲图及工艺标准培训，并在施工过程中严格落实样板引路制度，将每道工序、每个工艺都做到精益求精。

项目厂房区域有高支模施工，需要搭建跨度9米、高度13米的高大模板，但当地高支模、高大模板施工经验不足，项目团队积极采用“传帮带”模式，将我国目前使用的施工技术耐心教授给属地工人，并坚持每天进行施工交底，做好安全、质量双重管控。

项目机电安装范围广、管线复杂，为此，项目采用BIM5D技术进行钢结构深化设计、钢结构预拼装、机电管线综合排布，实现基于大数据的项目动态分析与现场管控，确保工程有序推进。在特种设备安装阶段，从我国引进高级焊工及专业安装人员，在保证工程进度及质量的同时，快速提升当地技能工人的专业水平。

实施暖心举措 促进民心相通

项目高度重视中外员工的融合管理，积极创新人才培养模式，培养了一批属地技术和管理人才。项目商务经理冉文文与属地商务人员Arya结成师徒关系，并结合Arya的工作实际，为她量身制定了学习、工作、培训计划，在工作实践中向她不断传授工作技能，让她迅速成长为一名优秀的商务人才。项目积极为当地群众提供就业岗位，累计招聘属地工人5000余人，带动属地居民就业，提升他们的收入水平。同时，项目还积极组织中外员工签订导师带徒协议，定期开展工程、技术、安全等职业技能培训，不断提升属地员工的专业能力。

项目距离城市较远，为改善中外员工的生活条件，项目安全总监刘寒主动承担起后勤主任的职责，发挥自己的

▲ 厂房内景

厨艺，为员工积极改善伙食。他主动教授属地帮厨关于中国菜肴的烹饪方法，并亲自教学，让帮厨能够熟练制作更多的菜品。项目完工后，帮厨应聘至其他中资单位，收入水平进一步增长，生活质量进一步提高。

在疫情期间，项目积极响应属地政府号召，联动国内外资源，为属地困难员工进行爱心捐赠，为有接种疫苗意愿的印尼员工提供疫苗，获得了当地政府和民众的一致好评。项目还通过开展“夏送清凉”、中印尼节假日慰问活动等，主动履行社会责任，助力民心相通。

在万物互联的时代，信息通信基础设施发挥着关键作用。印尼MBG光缆厂项目的建成，为中国设计标准、施工技术及验收规范在国外的应用提供了成功范例，对进一步推动中国建筑企业“走出去”具有积极意义。中建四局将积极响应“一带一路”倡议，持续擦亮“中国质量”名片，让奋斗成为底色，在海外再创佳绩。

作者 | 中建四局　聂黎

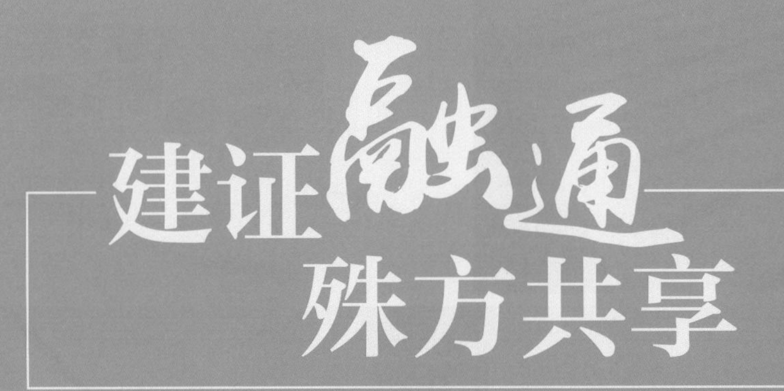
建证融通
殊方共享
INTIMATE CONNECTION

中国建筑积极融入“软联通”，加强规则标准的对接融合，推动经验技术的交流共进，为“一带一路”沿线一批重大项目建设提供中国建造方案。

深耕"一带一路"
扬帆中柬友谊之舟

▼ 柬埔寨国家体育场外景

柬埔寨国家体育场由中国建筑承建，坐落于柬埔寨首都金边的市郊，占地面积16.22公顷，总建筑面积8万多平方米，可提供60000个座位，是中国迄今对外援建规模最大、等级最高的体育场。

作为东盟的重要成员国，柬埔寨于2023年5月首次主办东南亚运动会。其赛事主会场——柬埔寨国家体育场，也吸引了众多关注的目光。

柬埔寨国家体育场由中国建筑承建，坐落于柬埔寨首都金边的市郊，占地面积16.22公顷，总建筑面积8万多平方米，可提供60000个座位，是中国迄今对外援建规模最大、等级最高的体育场。4年建设过程中，中建八局项目团队用真心与匠心，在“一带一路”沿线谱写出一首友谊之歌。

应发展需求 助巨轮启航

作为国际性的大型体育赛事，东南亚运动会对柬埔寨中长期旅游和投资发展有着巨大影响。中国建筑高度重视此次援建任务，第一时间派出精兵强将到柬埔寨开展前期工作。

进场施工前，项目团队充分了解柬埔寨气候特征、经济社会发展等实际情况，并格外关注建材的选用。为尽可能减少体育场投运后的维护成本，方便多种施工技术实施，项目部最终选用免维护的清水混凝土等建材，为打造一个绿色、可持续的体育场奠定了坚实基础。

为进一步提升柬埔寨国家体育场建设与运维过程的智慧化程度，项目建设团队创新采用“BIM+二维码+eBIM”的智能化管理技术，加强看台板全生命周期的管理。通过为体育场7208块看台板逐一印制“二维码身份证”，技术人员将看台板尺寸、吊装位置和BIM建模数据一一对应，并对设计、生产、安装等各环节都运用完整详细的大数据进行精确管控，极大方便了后续施工，实现“零残次、零破损、零错误”的目标，也为场馆投运后的管理工作提供了便利。

创卓越技术 造援外标杆

柬埔寨传统文化元素的融入，是这座“巨轮”的设计核心。为此，项目融入了柬埔寨的传统节日龙舟节、吴哥窟护城河、佛教“合十礼”、国花隆都花等多种元素，设计精妙，造型靓丽，但这也给项目团队带来了不小的施工挑战。

根据设计要求，项目南北各设有一座99米高的人字形索塔，以此作为这艘巨型“航船”的“桅杆”。这根“桅杆”造型独特、结构新颖、复杂多变，采用变截面、变曲率设计，沿五条空间曲线倾斜上升。这种结构的施工并无先例，如何精确完成设计要求成为索塔建设的难点。

为此，项目团队研发了造型木设计方法和加工工艺，形成了“三维扭曲模板体系设计及施工技术”，彻底解决了结构三维空间变曲面形体难题。此外，项目团队还自主设计研发了集垂直运输、变形控制、水电管道敷设等功能于一体的“钢支撑塔”，解决索塔施工过程中不能自稳的问题，保证索结构张拉前的精确定位，全面保障“桅杆”造型的完美实现。

在索塔周围，一端拉起18根斜拉索，另一端连接8根背索，犹如两把空中“竖琴”将索桁架罩棚轻轻吊起。其两侧犹如“天伞”的索膜罩棚结构则由2.2万米拉索、219吨索夹节点、3.3万平方米PTFE膜共同构成，如何既能平衡“天伞”，还能确保“竖琴”张拉成形过程中的体系稳定，是建设过程中需重点考虑的内容。

针对这一问题，项目团队通过深化应用BIM技术，将VR、AR、3D打印与之结合，并依托有限元分析等技术手段，对影响索网张拉的关键节点和要素进行仿真模拟。建设团队经过百余次模拟试验，制作出1:15的结构仿真模型，实现了建设全过程的精准控制，也让“竖琴”与“天

▲ 柬埔寨国家体育场内景

伞”交相辉映，打造出世界首例斜拉柔性索桁罩棚结构。

项目“大型复杂索结构体育场关键技术”“多倾角高悬臂环柱及双曲环梁结构变形控制关键技术”等均达到国际领先水平，“人字形三维曲面清水混凝土索塔结构关键施工技术”达到国际先进水平。

联中柬友谊 拓幸福空间

在推进共建“一带一路”的过程中，项目始终将“拓展幸福空间”作为使命，播撒希望的种子、传递奋进的能量，时刻关心关爱属地员工的工作生活，为大家搭建成长平台。

“我是柬中友谊的受益者，将来也要做柬中友谊的推动者。”曾任项目翻译的柬埔寨姑娘李妍，在中国建筑的帮助下，已顺利进入北京语言大学攻读硕士研究生，继续为深化中柬友谊发光发热。

建设4年间，项目不仅带动当地1万余人就业，更培养出大批的管理和技术人才。在项目担任土建工程师的柬埔寨小伙索兴，在中方技术人员的指导下，对桩基施工各项技术驾轻就熟，并能独立带起一支属地工程师队伍，还在项目建设过程中收了自己的第一个徒弟。“我们都很感谢中国、感谢中国建筑，不仅来帮我们建设体育场，还教我们技能，让我们以后能用这些本领更好地建设我们的国家。”他说。

多年来，从观察世界到融入世界、影响世界，中国建筑的海外发展持续向好。一批批“敢为人先”的大国工匠毅然走出国门，躬身“一带一路”，一座座地标建筑拔节生长，点亮友谊灯火。

2023年2月，柬埔寨时任首相洪森对中国进行正式访问，也让中柬双方的友谊再上新台阶。如今，“中柬友谊之舟”扬帆起航、举世瞩目，相信在不久的将来，它将见证更多体育盛会，筑就新的荣光。

作者 | 中建八局　曲雯倩

▲ 阿尔及利亚嘉玛大清真寺

印在阿尔及利亚纸币上的“中国建造”名片

在地中海畔，阿尔及利亚首都阿尔及尔港湾的中轴线位置，中建阿尔及利亚公司与中建三局联合承建的嘉玛大清真寺巍然矗立。历经4万多名建设者9年匠心营造，项目先后获得华夏建设科学技术奖、中国建设工程鲁班奖（境

将千年梦想化为现实，嘉玛大清真寺已然成为阿尔及利亚的国家名片，向全世界诉说着中阿两国的深厚友谊。

▲ 嘉玛大清真寺被印在阿尔及利亚2019版1000第纳尔和2022版2000第纳尔纸币上

外工程）、中国土木工程詹天佑奖，登上该国2019版1000第纳尔纸币和2022年新版2000第纳尔纸币，成为“一带一路”上一张靓丽的“中国建造”名片。

缘结地中海畔

自1962年独立以来，阿尔及利亚一直希望建造一座属于自己的宏伟宗教殿堂，向全世界展示他们的千年历史文化。2011年，阿尔及利亚向全球发出招标，希望寻找一家能够承建“千年建筑”的优质承包商。

嘉玛大清真寺是一座挑战极限的工程。项目坐落位置距离地震带不到30公里，占地面积达27.8万平方米，包含礼拜大殿、宣礼塔和图书馆等12座建筑，其高达265米的宣礼塔为全球之最。项目是非洲最高、规模最大的清真寺，也是世界第三大清真寺。该项目的承接必将对中建集团的海外长远发展产生十分重要的影响。

经过激烈角逐，中国建筑在和欧洲、美洲、亚洲共计14家国际承包商或联合体的竞争中脱颖而出，成功中标该工程。时任阿尔及利亚总统布特弗利卡对项目极为关注，亲自见证了合同签订并为项目奠基。作为当年国际市场上最大单体建筑订单，项目自开工之始就聚焦了全球的目光。

点亮北非明珠

作为千年工程，项目不仅采用欧洲标准施工，还要符合宗教文化要求，在严苛的双重标准之下，实施难度极大。

工程实施涉及的1689部欧洲建筑规范、10867页技术条款、数万张图纸，土建、机电、设计、装修等各领域的标准都与国内不同；抗震设计达到9级，需能抵御千年一遇地震；单根重量100吨的巨型离心预制混凝土八角柱，安装垂直度偏差不能超过2毫米；外饰面大量使用的超高性能纤维混凝土（相当于C130）属于新材料，能够生产的厂家较少……来自德国、加拿大等国的设计、监理及顾问团队在进场伊始，就对不熟悉欧标规范的中建团队能否应对如此复杂的挑战表示怀疑。

宣礼塔主体结构采用C50/60高强混凝土，技术条款要求混凝土的入模不得超过25℃，混凝土中心最高温度不得超过70℃。施工过程中为了确保达到温度要求，业主和监理更是要求将中心温度控制在65℃以内，极大增加了工程难度。团队成员日夜推算试验，改进配比，自主研制出新配比混凝土，更加适配现场作业要求，成功投产使用。为了在非洲大地达成“入模温度不能超过25℃”的施工标准，项目团队创新采用冰镇降温，大幅提升施工效率，赢

▲ 阿尔及利亚嘉玛大清真寺内景

得了以严谨著称的第三国现场监理的肯定。

项目实施过程中，无论是设计上，还是施工质量上，项目团队都按照“千年工程”的标准严格把控：地基使用246个抗震支座和80个阻尼器，形成世界顶尖的隔震体系；将安装轴线偏差控制到3毫米以内；创新引用镀锌加防腐漆的双工制防腐体系，实现海边高腐蚀环境下的耐久防腐；引入国内超高层施工经验，首次实现中建在非洲超高层建筑上的液压爬模系统应用，将宣礼塔建设速度由10天一层缩短到3天一层，大大缩短建设周期。

当地时间2016年12月16日，宣礼塔建筑高度达到223.5米，超越南非约翰内斯堡卡尔顿中心，登顶“非洲宗教建筑第一高”；2017年3月11日，宣礼塔主体结构正式封顶；2020年10月28日，大清真寺礼拜大殿举行开放仪式，包括时任阿尔及利亚总理阿卜杜勒–阿齐兹·杰拉德等在内的多位政要出席。项目建造水平赢得每一位来客的肯定，被媒体誉为地中海沿岸一颗璀璨的“明珠”。

架起友谊桥梁

志合者，不以山海为远。项目积极融入当地，共谱发展之曲、同唱友谊之歌，架起互融互通的“三座桥梁”。

搭建文化之桥。项目积极面向中外员工开办法语、意大利语、汉语培训班，多次开展阿拉伯风俗、中国传统文化及当地法律、法规培训。每逢中国传统佳节，还邀请外方员工共同参与，深度体验中国传统文化习俗；将一些中文热词制作成法语解读课件和卡片，引发了外籍员工关注；邀请属地化员工参与录制快板MV，拍摄趣味抖音视频，加深相互了解，增进彼此友谊。

搭建友谊之桥。项目积极践行属地化管理理念，为当地居民提供工作岗位与职业培训。在数年的建设中，中阿员工通力合作，结下深厚友谊。在属地化员工OMAR妻子身患疾病时，中建在阿项目联合发起捐款，一夜之间便募得善款20余万第纳尔，令阿方员工深受感动。

搭建经济之桥。凭借项目的出色履约，中建集团进一步赢得了阿尔及利亚政府的信任与尊重，在该国相继承建了南北高速公路项目、奥兰大学城18000床项目、康斯坦丁歌剧院项目等一系列民生工程，有力推动了当地经济发展，实现合作共赢。

将千年梦想化为现实，嘉玛大清真寺已然成为阿尔及利亚的国家名片，向全世界诉说着中阿两国的深厚友谊。2021年，项目被美国芝加哥雅典娜博物馆和欧洲中心评选为2021年世界上最美丽的建筑作品之一；2022年，项目在阿尔及利亚独立60周年之际作为主场地举办该国建国以来规模最大阅兵式。扎根广袤非洲，共建“一带一路”，中国建筑以品质赢得信赖，以实力赢得尊重，不断将中非友谊推向新高度。

作者 | 中建三局　韩成林、葛荟

精工至善 中埃共建“地中海明珠”

▼ 阿拉曼新城项目

从高空俯瞰建设中的阿拉曼新城项目，4栋住宅楼与标志塔相对而望，组成金字塔的形状。这座从荒漠中拔地而起的建筑群，未来将闪耀在地中海岸。

在埃及北部地中海沿岸坐落着一个阳光小城——阿拉曼。阿拉曼拥有狭长的碧蓝色海岸线和金黄细软的沙滩，天穹云霞随四季轮回和昼夜更替而变幻，独特的地中海气候使这里夏季干燥多风、冬季温和湿润，是一块天然的度假旅游宝地。然而，由于交通不便、经济欠发达，阿拉曼旅游资源没能得到充分开发，一年中的大多数时间都寂静空旷、人烟稀少。

2021年6月，随着由中国建筑负责设计和建造的阿拉曼新城超高综合体项目正式开工，曾经的阿拉曼正在悄然变化。不久的将来，这座充满活力的现代化滨海新城将成为埃及地中海沿岸的一颗璀璨明珠。

"一带一路"助力埃及"2030愿景"

埃及近95%的国土面积是几乎无人居住的沙漠，全国99%的人口集中在沙漠之外的尼罗河谷地、绿洲、三角洲地带和沿海地区，人口拥挤、绿地不足、居住空间狭窄等问题长期制约着埃及城市发展。因此，城市战略规划成为埃及"2030愿景"的重要篇章，而拥有地中海南部20公里海岸线、气候舒适、风景优美的阿拉曼是埃及新城建设的重要组成部分。

阿拉曼新城总规划面积约300平方公里，涉及40多个主要开发项目，其中阿拉曼新城项目具有十分特殊的意义。项目建筑面积约109万平方米，工程范围包括设计和建造1座超高层精装修标志塔、4栋超高层精装修住宅及商业配套和市政景观工程，是目前中资企业在埃及市场签约的最大现汇项目，也是继埃及新首都CBD项目之后"一带一路"倡议下中埃合作又一典范。

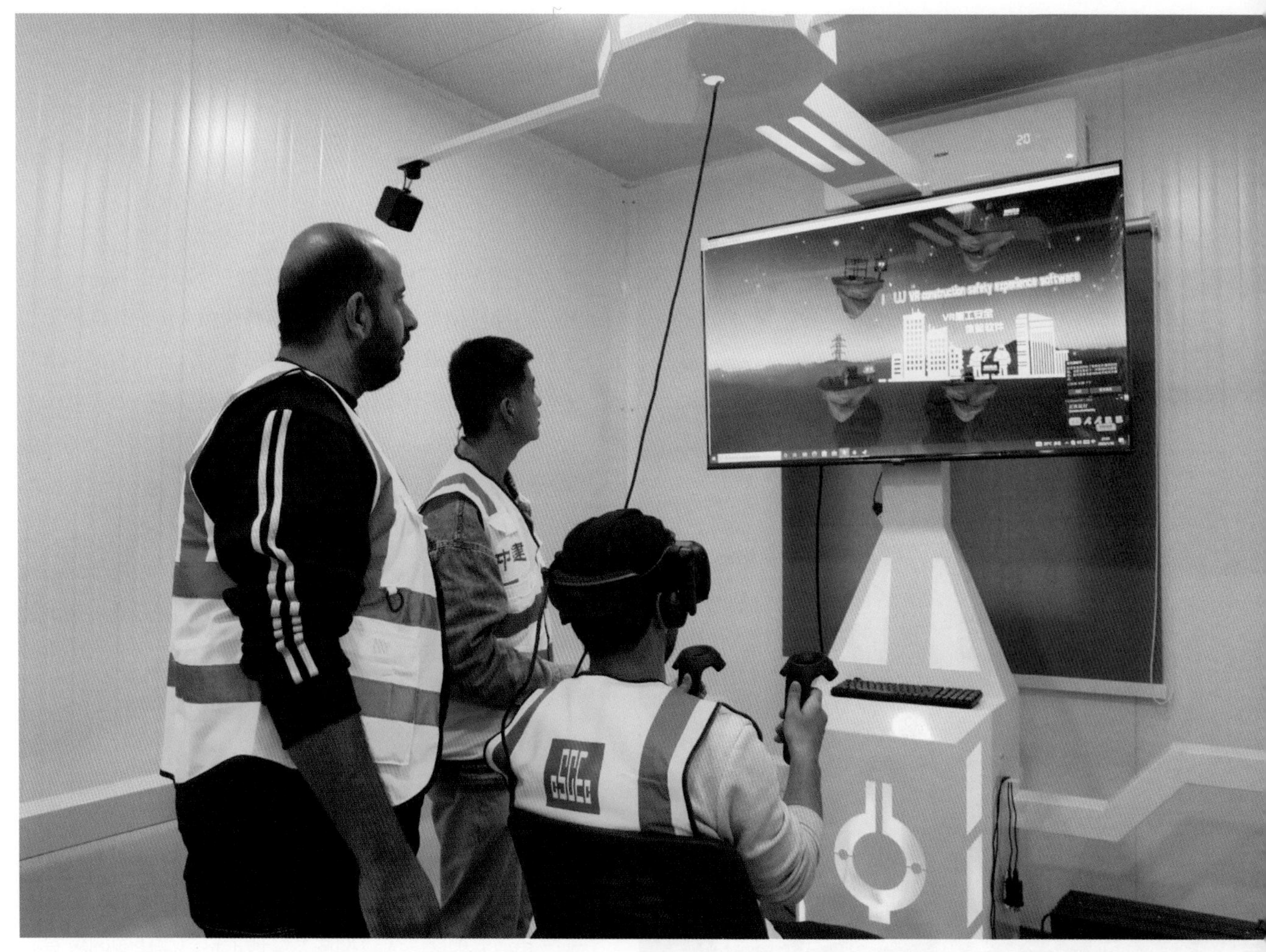
▲ VR安全体验课

2021年6月，埃及住房部部长埃萨姆·加扎尔在项目开工典礼上说："阿拉曼新城项目是整个阿拉曼新城核心区建设的起点和中心，它的开工将带动阿拉曼新城进入快速建设阶段。"按照埃及政府的规划，阿拉曼新城将伴随着阿拉曼新城项目的建设进程，开发为集旅游、教育、工业于一体的综合性城市，城市人口也将在2030年达到300万，成为未来埃及的"summer capital"，以缓解开罗快速增长的人口压力及城市交通压力。

如今，万众瞩目的阿拉曼新城中心已经雏形初现。无人的荒漠上拔地而起5栋塔楼，各种工程车辆穿梭往来，约2700名穿着中建制服的工人和工程师忙碌建设、各司其职，每一份微小的力量正逐渐汇聚成巨大的能量，将这里打造成为埃及地中海沿岸的璀璨明珠。

"中国速度"彰显中国力量

前有埃及新首都CBD项目的成功范例，埃及政府对"忠诚担当　使命必达"的中国建筑精神，以及"集中力量办大事"的中国速度有着深刻的印象。尽管如此，当埃萨姆·加扎尔在2022年7月出席阿拉曼新城项目标志塔基础底板浇筑启动仪式、第二次来到施工现场时，仍不由自主地发出感叹："没想到在一片荒漠中，新的项目能这么快拔地而起，并且展示出壮美的气势，相信我们很快就能看到阿拉曼新城成为现实。"仅耗时53小时，项目标志塔累计浇筑混凝土总方量约1.96万立方米，完成了目前非洲最大体量的基础底板。

已经70岁高龄的埃及《金字塔报》前总编卡麦勒·贾巴拉专门驱车200多公里来到阿拉曼新城项目参观，夸赞项目是"'珍珠'海岸的发展和建筑奇迹"。他热切地说："荒芜的沙漠正以很快的速度成为划时代意义的现代城市，真希望我能长寿，以便能告诉子孙后代这些建筑的故事。"

萨利姆·尤瑟夫是土生土长的阿拉曼人，在小镇上经营着一家水果店，站在自家阳台上眺望远方的阿拉曼新城项目已经成为他的生活习惯。"它们就像5棵正在生长的椰子树，隔一段时间就能明显看出它们又长高了，速度太快了！"伴随着阿拉曼新城项目建设进程，阿拉曼小镇也逐渐变得人声鼎沸，萨利姆·尤瑟夫的水果店生意越做越红火。"我有不少中国回头客，夏季的车厘子最受大家欢迎。"他笑呵呵地说。

"中国经验"践行合作共赢

阿拉曼北临地中海，南部是一片荒漠，与外界天然阻隔，大部分居民选择去交通更为便利、发展机会更多的亚历山大以及开罗生活和工作。随着通向阿拉曼的高速公路建成通车，以及阿拉曼新城项目开工建设，阿拉曼热闹起来了。

阿拉曼新城项目的建设吸引了埃及各地、各领域的人才来阿拉曼就业。刚满19岁的穆斯塔法·萨拉赫从位于尼罗河右岸的老家基纳出发，经由850公里的沙漠公路来到阿拉曼新城项目，成为了一名年轻的焊接工；曾在中建科威特项目工作的阿哈默德·拉马丹一听说中建在埃及承建了阿拉曼新城项目，立马回家投身祖国建设；2021年毕业于亚历山大大学的索哈伊拉，因中国的超高层建筑经验慕名而来，成为项目上唯一的女性现场工程师。截至2023年4月，阿拉曼新城项目为当地直接创造了2000余个工作岗位，并和400余家当地分包公司合作，为当地输入了中国的管理和技术经验。

此外，阿拉曼新城项目的建设带来了中国"智慧工地"的先进技术。2023年1月，项目完善好智慧工地大数据平台后，项目安全管理变得更智能。人员管理上，集成智能闸机、人脸识别设备一秒"刷脸"就能精准掌握所有项目工人的出勤考核、安全教育培训等情况，杜绝未通过培训、超龄等不符合要求的人员进入现场。灾情预防上，监测系统与计算机视觉、人工智能以及闭路电视监控技术相结合，通过视频图像和光谱分析，能在数秒内完成火灾探测及报警。塔吊运行上，装载了高度编码器、风速传感器、无线网桥、高清摄像机等10余件智能设备，实现了吊钩可视化和防碰撞两项功能。安全培训上，搭建了占地面积210平方米的安全体验馆，并从中国引进一套VR设备，一线作业人员可通过VR安全体验课，亲历施工过程中可能发生的火灾、触电、物体打击、高处坠落、基坑坍塌等安全事故，直观感受违章作业带来的危害，增强安全培训效果。

从高空俯瞰建设中的阿拉曼新城项目，4栋住宅楼与标志塔相对而望，组成金字塔的形状，不远处的海平面宛如蓝色缎带环绕着它。这座从荒漠中拔地而起的建筑群，将在未来闪耀在埃及的地中海沿岸。

作者 | 中建国际　刘月

中国建筑匠心精筑中俄友好地标

▲ 莫斯科中国贸易中心

中国建筑积极参与俄罗斯多地建设，打造了一批获得俄罗斯建筑行业认可、提升城市功能水平、带动当地经济社会发展的标志性建筑，进一步夯实中俄两国人民世代友谊基础。

作为最早进入俄罗斯建筑市场的央企之一，中国建筑深耕俄罗斯市场17年，深化共建“一带一路”和欧亚经济联盟对接合作，在积极参与俄罗斯多地建设、探索开展多元化业务、推动“中国建造”走出去的同时，主动履行社会责任，帮助俄罗斯员工提升工作技能，增强获得感、幸福感，与当地人民共享发展成果。

17年间，中国建筑积极参与俄罗斯多地建设，打造了一批获得俄罗斯建筑行业认可、提升城市功能水平、带动当地经济社会发展的标志性建筑，进一步夯实中俄两国人民世代友谊基础。

▲ 中共六大会址常设展览馆

中共六大会址常设展览馆

中共六大会址常设展览馆修复工程位于莫斯科郊外五一村，建筑面积1800平方米。中共六大会址曾是一座贵族庄园，是俄罗斯联邦级文化遗产建筑，外形为俄罗斯古典弧形建筑，3层砖砌体混合结构，是俄罗斯联邦级文化遗产。1928年6月18日至7月11日，来自中国各地的142名代表在这里召开了中国共产党第六次全国代表大会，这也是中共历史上唯一一次在境外召开的全国代表大会。

但由于曾经历两次大火，该建筑年久失修、损毁严重。2010年，时任中国国家副主席的习近平向时任俄罗斯总理的普京提出在中共六大会址设立纪念馆。2013年3月，习近平主席在莫斯科出席建馆启动仪式。修复后的中共六大会址现已成为“一带一路”上的“中国名片”，传承和发扬中俄两国人民的传统友谊，促进两国世代友好。

莫斯科中国贸易中心

莫斯科中国贸易中心项目位于莫斯科市北部亚乌扎河畔，总建筑面积12.5万平方米，包含5A级写字楼、五星级酒店、酒店式公寓、现代化会展中心和综合性商业中心等。2017年8月，莫斯科中国贸易中心项目从1000多个项目中脱颖而出，荣获“2017年度莫斯科市优质工程奖”第一名，这是莫斯科市建筑行业质量最高奖，也是中国企业首次荣获该奖项。

2021年2月，项目顺利通过竣工验收，这是中国建筑企业首次在俄罗斯独立获得由俄罗斯国家监理部门颁发的竣工验收报告。同年9月，项目入选中国国际服务贸易交易会的全球服务示范案例；2022年，荣获俄罗斯建筑界最高奖项“最佳竣工工程奖”和鲁班奖（境外工程）。

项目是在俄中资企业的俄罗斯总部基地和优质产品信息的展示中心、交易中心，同时也是中俄务实合作标志性项目、“一带一路”倡议与欧亚经济联盟战略对接的旗舰项目，更是“一带一路”又一张闪亮的“中国名片”。

▲ 俄罗斯联邦大厦

▲ 圣彼得堡斯多克曼商业中心

▲ 波罗的海明珠多功能建设项目

俄罗斯联邦大厦

俄罗斯联邦大厦位于俄罗斯莫斯科市中央商务区，总建筑面积28万平方米，建筑高度420米，是一幢集商业、办公和休闲等功能于一体的综合性大楼。项目时为欧洲第一高楼、全钢筋混凝土结构建筑世界第一高楼。

俄罗斯联邦大厦A座结构工程基础底板混凝土浇筑总量达14000立方米，砼平均供应速度为每小时243立方米，连续浇注时间长达84小时，史无前例的浇注全过程创造了吉尼斯世界纪录。2016年俄罗斯联邦大厦入围美国高层建筑与城市住宅委员会评选的2016年建成的世界十大摩天大楼。

圣彼得堡斯多克曼商业中心

圣彼得堡斯多克曼商业中心位于俄罗斯圣彼得堡城市，地下四层（部分为三层）、地上九层，总建筑面积10万平方米，主体结构为钢筋混凝土框架剪力墙结构和钢结构，是集购物、办公和休闲于一体的多功能商业中心。该项目荣获2012—2013年度中国建设工程鲁班奖（境外工程），这也是中国在欧洲建设的第一个境外鲁班奖获奖项目。

工程采用逆作法综合施工技术，结束了圣彼得堡300年来无地下室的历史，为圣彼得堡未来的城市建设提供了一条新思路。斯多克曼集团董事会副总裁科罗拉·泰尔·雷蒂曼看到施工场景激动地说：“这个场面令人振奋，很有影视大片的震撼效果，棒极了！”此后“逆作法”被《俄罗斯城市建筑》、圣彼得堡《施工日报》等多家建筑业内杂志介绍推广。

波罗的海明珠多功能建设项目

波罗的海明珠多功能建设项目位于俄罗斯圣彼得堡市红村区，紧靠波罗的海，总建筑面积12.9万平方米，含一期、二期工程，由6栋包含住宅、底商和地下车库的多功能住宅楼组成。

波罗的海明珠多功能建造项目是中国企业在俄罗斯投资的最大房地产项目，也是中建一局在俄境内承建的首个住宅建设类项目，项目曾获得俄罗斯“最佳综合性社区”奖，建成后将成为品质优秀、环境舒适、配套齐全、交通便捷的现代化家园，让中国“明珠”闪耀圣彼得堡。

作者｜中建一局　品萱

闪耀狮城的“梯田花园”

▲ 绿洲台夜景

来自中国的高水平建筑水准让创新型邻里中心从图纸走向现实，再次展现了中国建筑扎实过硬的精工水平。

“绿洲大阳台”“梯田花园”……在新加坡东北部榜鹅地区，由中建南洋承建的新一代邻里中心绿洲台（Oasis Terraces）备受当地居民好评。

探索建造新一代邻里中心

绿洲台位于新加坡榜鹅市镇，毗邻榜鹅水道生态公园，是由新加坡建屋发展局开发、新加坡卫生部参与推出的新加坡新一代邻里中心项目。

邻里中心是新加坡构建的“区域中心、镇中心、邻里中心和组团中心”四个层级的公共中心体系之一。新加坡的邻里中心主要分布于政府组屋区内，每6000至8000套住户配套建设一个邻里中心，采用集中式布局，服务半径约为400米，能够服务1万到2万人，经营业态包括菜市场、餐饮场所、社区商店和诊所等，在户与户之间设立一个功能比较齐全的集商业、服务及娱乐为一体的中心，为周围居民提供必要而便利的公共服务，从而提高城市居民的生活质量和居住环境，对社会经济发展和人群素质提高起到重要保障作用。

绿洲台由英国Serie Architects建筑事务所和新加坡的Multiply Architects建筑事务所共同设计，场地面积为27400平方米，其中9400平方米将用于医疗设施，其余场地建设公共花园、娱乐场所、健身房、零售区域、餐饮和学习空间等。为了将榜鹅水道公园的绿意延伸到建筑、扩展到社区，建筑师可谓煞费苦心。为保证建筑与公园良好衔接的同时也能提供更多休闲场地，花园露台采用斜坡梯田的独特形式，与榜鹅水道生态公园相连，使人们能够近距离体验大自然。

与此同时，作为新一代邻里中心，绿洲台和传统型的第一乐广场相比，在设计与建设上做了很多调整。例如，绿洲台新增了托儿所和大型综合诊所，增加了医疗、育儿

▲ 绿洲台俯瞰图

等功能服务；中央社区广场是一个向水渠倾斜的郁郁葱葱的花园平台，面积近900平方米，方便居民组织广场舞等各种活动；还推出了为年轻人创业服务的开放式店面，创业者在这里可以申请低廉的租金进行经营尝试等。

匠心助力项目完美履约

绿洲台施工场地四周为水道生态公园、轻轨站以及居民组屋，既要考虑到施工对公园的影响，又要考虑到施工吊举对轻轨运行的影响。

经过几番细致研究，团队决定采取正向施工与逆向施工相结合的方式，并在屋体构造上采用了大量的预制构件以克服场地限制，将施工对周边环境的影响降到最小。项目使用的最重的一块混凝土预制件重达10吨，主要的钢桁

架重达40吨。为了吊装这些材料，项目调用了4台重型塔式起重机，并使用了1000吨的移动吊车。由于场地限制，所有4台塔式起重机都必须放置在建筑物内，在拆除起重机后，起重机穿过的楼板洞必须补回浇筑。同时项目在工地边界上建立了一个6米高的隔音屏障，以解决施工过程中的噪音污染问题。

“‘图’上得来终觉浅，绝知此事要躬行。”参与过该项目的中建南洋工程师袁硕玉回忆这段建设往事时感慨道：“漂亮的建筑设计既要考虑美观性，又要兼顾实用性。当建筑设计与结构设计达到一个平衡点，最终定稿形成施工图后，如何根据图纸来最大程度实现建筑设计构想就是对承建商的考验了。”

在梯田花园的设计施工上，项目技术部结构工程师会同现场工程师、测绘放线员、施工工长首先在平面图上确定中间平台的位置及标高，随后确定各个衔接平面的起始点位置、板平的准确标高与分界线位置，然后利用BIM模型切出相应位置的剖面图，进一步加深空间感，方便更准确的定位。在放线员的配合下，相关人员在现场完成中间平板的定位，接着逐个平面按角度衔接确定模板的最终位置，直至全部模板准确定位。

在打桩阶段，为了解决土壤移动问题对附近轻轨站造成的影响，项目将土层降低了1.5米，有效释放了项目施工对附近设施造成的土压力。

在项目面向水道的广场处，16米的高空有一个长约34.4米、宽约31.2米、高约5米的空中结构层作为5层租户的区域和6层的屋顶花园。这些大跨度钢结构桁架全部采用“工厂加工+现场组装”的便捷施工方法，极大地提高了施工效率，缩短了工期。

经过两年半的艰苦努力，绿洲台于2019年2月17日正式开幕，这是新加坡建屋发展局时隔15年再建造的第一座邻里中心，也是为新镇组屋地区建设的新生活娱乐场所。当天，时任新加坡国家发展部长黄循财作为开幕主宾主持了开幕仪式，时任新加坡副总理兼国家安全统筹部长张志贤、总理公署部长黄志明、交通部兼通讯及新闻部高级政务部长普杰立医生、内政部兼国家发展部高级政务次长孙雪玲等白沙—榜鹅集选区议员均出席了开幕活动。

定义生态宜居新姿态

扎根新加坡发展的多年时间里，中建南洋公司始终勇担责任，严格遵守新加坡绿色建筑相关法律法规，大力推广、建设绿色建筑，将绿色施工逐步融入施工工艺中，建立绿色施工评价体系，最大限度地减少资源消耗，消减污染物排放，不断降低施工对环境的影响，以低碳高效的运营模式提升绿色竞争力，推动企业经营与社会生态环境的和谐发展。

在绿洲台项目建设过程中，项目团队积极践行绿色建造理念，提供生态友好型的现代建筑方案，助力人与自然和谐相处。项目将花园露台与水道相连，将水道的景观延伸到社区里，让人们能够在体验购物中心等公共设施的同时，领略无限绿意。为打造环境友好型的新建筑生态，蓊郁的植被覆盖了建筑的每个立面，使建筑和自然融为一体。通过雨水循环利用和太阳能等清洁能源的应用，降低绿色家园的维护成本。同时，坡道花园的下部空间还为周边居民提供了乘凉场所，上面的绿植也起到了降温的作用，实现了对“花园城市”的许诺。

由于项目的出色表现，绿洲台项目在新加坡建设局的质量评分中获得了CONQUASSTAR，并荣获2019年世界建筑节大奖，2019年新加坡建屋发展局建筑奖及2020年新加坡建设局建筑卓越奖。来自中国的高水平建筑水准让创新型邻里中心从图纸走向现实，再次展现了中国建筑扎实过硬的建造水平。

绿洲台是新加坡一座建筑的里程碑，其设计建成真正实现了人们对未来生活的向往——映入眼帘的梯田花园，近在咫尺的社区广场，迈步即达的商业、医疗、教育城……在这里，便利生活触手可及。

未来，中建南洋公司将继续秉持工匠精神，精雕细琢每一个项目，与新加坡一道，共同打造更美好的花园城市。

作者 | 中建南洋　万海涛、邓铁新

▲ The Henderson外观如含苞待放的紫荆花蕾

让紫荆花蕾绽放香江

香港，这座背靠祖国、联通世界的城市，每一座地标建筑都如同一张生动的名片，对外彰显着她作为“超级联系人”独一无二的魅力。在香港繁华的中环核心商业区，外形如紫荆花蕾的The Henderson独树一帜。这座全球首个自由双曲面复杂单元幕墙项目，是扎哈·哈迪德建筑事务所的又一创新力作，负责其建筑幕墙工程的中国建筑兴业旗下远东幕墙，也在The Henderson项目中实现了诸多行业突破。

科技赋能 挑战行业极限

在现代建筑设计中，建筑师追求新、奇、特的艺术效果，而玻璃幕墙往往能营造出延伸感、氛围感、空灵感，符合现代建筑美学，被越来越多设计师采用。The Henderson以紫荆花含苞待放的形态作为设计灵感，其独特的造型、复杂的构造和丰富的层次感，给项目团队带来前所未有的挑战。

近年来，为了配合更多独具匠心的建筑设计方案，玻璃幕墙也不再仅限于传统的平面，而是更多地运用了曲面，但曲面幕墙的应用和发展也对幕墙设计、采购、生产及安装等环节提出了更多需要攻克的难题。The Henderson幕墙面积达2.5万平方米，包含平面、单曲面、双曲面及锥形玻璃幕墙单元近3000件，曲面复杂单元占比达60%。

面对复杂的单元式双曲面幕墙，远东幕墙组建行业领先的建筑信息模型BIM专业团队，借助BIM的可视化插件，与双曲面幕墙型材建模关键参数结合，做到BIM三维模型直接导入五轴加工中心生产，并结合三维坐标定位法与GPS空间定位技术相结合的测量放线方法，实现了BIM在复杂双曲面幕墙的参数化设计、数字化生产、三维辅助安装环节的应用。

The Henderson项目拉弯铝型材达1.5万支，拉弯类型及参数多变，双曲扭拧型材品质控制难度极高。其中，空中花园（22−23F）超大双曲异形单元是整个项目施工中最难的一部分，每个单元都由双曲面铝板、弧形铝料、双曲面不锈钢、双曲面玻璃和特制铁架等异形材料组装而成，体型庞大，长度达7.8米，重量达4吨以上。面对这些挑战，远东幕墙配备了数控滚弯机、拉弯机、数控车床和柔性检测平台等先进拉弯设备，不断提升拉弯车间的工艺水平，将拉弯偏差由5毫米逐步降低到2.5毫米，接近于直料加工的偏差，为单元件的顺利组装奠定了坚实基础。

为保障高品质交付，远东幕墙须确保生产过程中所有构件的品质管控达标。在生产环节采用了3D扫描系统进行质检，与设计模型进行实时对比分析。自主打造“数字远东”信息化管理平台，结合射频识别RFID技术，对每个单元件实现从设计到交付全过程的溯源管控，通过信息化追踪的创新应用，构建了精细到幕墙构件层级的项目全流程数据追踪平台。

香港，这座背靠祖国、联通世界的城市，每个地标建筑都是其独特的名片。拥有超高难度幕墙设计的中环新地标The Henderson，将向全世界展示“紫荆花蕾”的璀璨魅力。

攻坚克难 确保使命必达

2020年，突如其来的新冠疫情给项目的顺利履约带来了巨大挑战。多国疫情不断反弹，部分海外港口拥堵，集装箱“一箱难求”。远东幕墙及时调整策略，进行精细化的海运轨迹追踪，对有延误潜在风险的玻璃直接采取空运方式运输，确保按时交货。

与此同时，受疫情影响，关键构件双曲面中空夹胶玻璃最初的加工厂西班牙Cricursa公司宣布破产，全球唯一的德国“GU”牌钝角转角器突然停产，使项目团队再次陷入困境。面对重重困难，远东幕墙人迎难而上，利用全球采购资源优势，转向德国和意大利的玻璃加工厂进行采购，玻璃实现如期供应；与“立兴”国产门窗配件供应商紧密合作，成功研发钝角转角器并批量生产，工期得到有效保障。

2023年4月，远东幕墙收到业主调整工期的要求，施工计划由7天安装完一层缩短至1.5天安装完一层。施工最紧张的阶段，还面临项目中难度最大的7.8米超大双曲异形单元安装任务。现场施工充分利用BIM模型，在设计端进行碰撞检查，模拟吊装路径，提前解决安装问题。5月9日，7.8米超大双曲异形单元安装完成；5月31日，成功完成第一阶段安装工作，工期提前45天；9月11日，最后一件单元安装到位，远东幕墙再次传递了使命必达的决心。

担当“联系人”做好“软联通”

“一带一路”沿线国家和地区需要通过高质量基础设施项目来满足当地日益增长的物质与文化需求。同时，这些国家和地区也希望在快速发展的新时代，借助现代化地标性建筑物塑造国家或城市的新形象，吸引世界关注的目光。自1969年成立以来，中国建筑兴业作为中国建筑旗下唯一一家幕墙专业上市公司，在“出海”的几十年间，业务已遍及5个大洲、11个国家，在43个城市先后累计承建超过980个幕墙项目，在全球造就“一幕幕”非凡业绩，为不同国家与地区的地标建筑物打造出一件件精美并符合当地需求的建筑“外衣”，形成独特的城市“风景线”。

▲ 远东幕墙的工人进行幕墙施工

从“世界最高”的哈利法塔到“业内最难”的The Henderson，中国建筑兴业员工持续不断的努力都是为了突破自我。在建设The Henderson的项目团队中，有很多都是当年参与哈利法塔幕墙工程的成员，他们中的每个人都通过自己的努力为共建“一带一路”贡献着自己的一份力量。

“客户为本，品质保障，价值创造”。作为幕墙行业的佼佼者，中国建筑兴业旗下远东幕墙将一如既往响应国家“一带一路”倡议，服务国家发展大局，充分利用自身专业技术实力及高品质履约能力，承建更多的地标建筑幕墙工程，为其所在的国家和地区打造独一无二的“城市名片”。

作者 | 中海集团　谭啸、梁亦璇、唐新

倾心浇筑莲花塔 中国品质耀丝路

在美丽岛国斯里兰卡的首都科伦坡，中建二局采用中国标准设计和建造的莲花电视塔矗立在贝拉湖畔，将“柔美绰约”与“亭亭玉立”的审美意象完美融合。当“莲花”被装上LED灯，多种颜色在夜间悄然变幻，便成为科伦坡夜空中最耀眼的风景。登上这枝“莲”，可以从全南亚最高塔360度无死角地欣赏科伦坡的美景，拍出惊艳的照片。

熠熠生辉 历经九年“莲花”终绽放

作为中斯两国在“一带一路”建设中重要的项目合作成果，斯里兰卡科伦坡莲花电视塔2019年9月正式竣工，并于2021年面向公众开放。历经9年，中国建设者用中国技术、中国标准完成了方案创作、初步设计以及施工图设计等全过程任务。

莲花塔高356米，被誉为“南亚第一高塔”。她以莲花宝塔的造型矗立在科伦坡贝拉湖畔，是中国走出国门、用中国标准在海外建设的第一座混凝土电视塔。项目不仅是科伦坡市内最高建筑，让科伦坡更具旅游魅力，也成为斯里兰卡的国家标志性建筑，可以发射信号、提供通信服务，还具备餐饮、住宿、购物、观光等功能。

斯里兰卡是印度洋上的岛国，空气盐碱度高，中建二局作为项目钢结构、机电工程施工方，结合当地实际，为风管桥架包裹定制了防腐蚀材料，可有效减少高盐碱空气对钢制品的腐蚀。

莲花塔塔身内设钢爬梯204榀，一榀钢爬梯最重800公斤，且塔身内作业空间狭小，无法进行吊装作业。项目利

▶斯里兰卡科伦坡莲花电视塔

莲花电视塔的落成进一步巩固了中斯两国源远流长的经济和文化关系，成为“一带一路”的崭新名片，也成为海上丝绸之路璀璨的明珠。

▲ 斯里兰卡科伦坡莲花电视塔夜景

用从设计到加工再到安装的全建筑施工流程BIM一体化方案，有效优化施工流程，提升建设效率，并使用卷扬机，在215米安装162榀钢爬梯，在245米安装42榀钢爬梯，高效地完成安装任务。

同时，项目部在施工过程中，通过导师带徒的方式，累计培训出数十名可以胜任复杂技术工种的当地产业工人。

莲花塔被时任斯里兰卡总统西里塞纳盛赞为体现斯里兰卡民族自豪感和国家基础设施发展水平的伟大工程，促进了斯里兰卡的经济发展，提升了科伦坡的城市形象，也带来更多的投资机会，进一步巩固源远流长的中斯友谊。

远赴他乡 用数据证明中国标准

由于斯里兰卡属于英联邦国家，业主过去接触的建筑标准主要是英国标准，或者欧洲其他国家的标准。在没有了解中国标准的前提下，他们会习惯性地要求执行英国的建设标准。于是，让业主与监理们认可中国的标准与产品，就成为了推进工作的首要课题。

为扩大中国标准的国际影响力，同时节省采购成本，项目执行经理张磊不惜路程遥远，坚持将样品带至海外施工现场。但凭实物也不能直接扭转外国人的认知，于是他又联系了当地实验室，并查阅相关资料，将国标和英标逐项试验、细致对比。

尽管语言受限，工作难度很大，但丝毫没有打击张磊对使用国产材料的执着与坚持。他多次在工程技术讨论会上通过详细的参数资料和现场试验数据，在耐腐蚀、强度等材料性能方面证明了中国材料的高质量，最终说服了外方建筑师代表。事后外方代表得知张磊连续不眠不休地试验，为中国人的认真劲儿和产品质量竖起了大拇指，并用汉语说道：“你们真棒。”

坚守海外 让“中国制造”闪耀他国

2017年春节，因为莲花塔项目工期紧张，张磊依然坚守在海外工地一线。当时，张磊和家人收到北京卫视的邀请，担任了当年北京卫视春晚互动环节嘉宾，通过视频连线，他们在北京卫视的舞台上“团聚”了。晚会现场，著名歌星毛阿敏倾情演唱了由他们夫妻的故事创作而成的歌曲《在一起》，这首歌由著名音乐人小柯作词作曲。这是他们夫妻的故事，也是无数海外建设者的故事。

大年三十那天，坚守在海外项目部的同事们围在一起庆祝新春的到来，边吃饺子边聊天。当问到张磊是否还会为海外建设坚守下去时，他毫不犹豫地回答道：“会的！”

莲花电视塔交付使用后，为斯里兰卡人民提供超过50个频道的电视和广播节目，为20多家电信运营商提供通讯服务，极大地推动了斯里兰卡广播电视事业的发展，提高了科伦坡居民广播电视节目的收听收看质量，并为当地劳动力提供了大量就业机会，为斯里兰卡带来巨大的经济效益及社会效益。

而这些建设成果，也是张磊和同事们坚守海外建设的动力。能够参与到“一带一路”建设中，看到中国建筑能为外国友人的生活带来便利，提高当地居民的生活质量，作为建设者，“张磊们”也感到深深的自豪。

如今，南亚最高的电视塔已经矗立在美丽岛国斯里兰卡，正如时任中国驻斯里兰卡大使程学源为莲花塔的题字所言：“吉祥之邦，南亚之光。”莲花塔的落成进一步巩固了中斯两国源远流长的经济和文化关系，成为“一带一路”的崭新名片，也成为海上丝绸之路璀璨的明珠。

作者 | 中建二局　陈昕宇、王东坡

海丝金边论坛新地标 搭起中柬友谊连心桥

▲ 太子集团总部大厦俯瞰图

太子集团总部大厦作为柬埔寨的地标性建筑，是2019年“一带一路”海丝金边论坛举办地，也是柬埔寨第一座超5A级现代化综合商务办公大楼、当地生态节能建筑的典范。

今年是中柬建交65周年，也是中柬友好年。在发源于我国的澜沧江（流入中南半岛后的河段称为湄公河）与柬埔寨洞里萨河交汇处，坐落着柬埔寨最大的城市——金边。2019年4月25日，“一带一路”海丝金边论坛在金边CBD核心区钻石岛盛大召开，来自全球33个商会、协会的代表及相关单位参加论坛。

这场盛会与中国有着特殊的渊源，盛会的举办地——太子集团总部大厦正是由中建四局承建。作为柬埔寨的地标性建筑，该项目是柬埔寨第一座超5A级现代化综合商务办公大楼，是当地生态节能建筑的典范，同时也是中建四局积极践行国家“一带一路”倡议的重要举措和重大成果，一举获得中建四局首个中国建设工程鲁班奖（境外工程）。

周密部署推进高效履约

项目团队进场后，因项目桩基工程已由其他单位施工完成，需要及时进行基础承台施工，避免雨季施工的不利影响。项目地基为回填沙地，地下水位高、距离住宅近，存在一系列施工难题。

柬埔寨是热带季风气候，雨季、旱季明显，每年从11月到来年的4月都是旱季，之后的半年是雨季。太子集团总部大厦项目于2018年7月开工，正值雨季，基坑开挖难度大。当地的雨虽然时间较短，但来得凶、下得大。经常是早晨万里无云，大家忙着开工，下午三点不到就乌云密布、大雨倾盆，各项施工不得不停滞下来。为此，项目制定了周密的雨季施工预案，时刻关注官方气象信息，抢抓降雨间歇进行施工。同时，项目浇筑混凝土避开降雨时段，浇筑完成后迅速进行遮盖，避免降雨给混凝土质量带来的潜在不利影响。

项目成立质量创优小组，建立完善的管理体系，定期召开项目协调会，第一时间解决建设过程中的各类问题。项目团队积极与当地供应商联络，抓好原材料质量控制，并确保及时供应。相关人员全天候轮流值守，保障各类材料及时进场，保证施工进度，为高效履约奠定坚实基础。

科技创新引领绿色施工

项目团队坚持以科技创新引领绿色施工，推进能源低耗型、资源节约型、施工高效型的“绿色工地”建设。项目创新打造“绿色屋顶”，在屋顶上种植绿色植被，在夏季能够通过光吸收、光反射和水分蒸发来降温，在冬季提供了抵御寒冷的“绝缘层”，实现了节能减排的目标。

项目始终坚持“四节一环保”，外幕墙采用LOW-E中空玻璃幕墙，具有优异的隔热效果和良好的透光性；中庭顶部采用600平方米全天窗屋顶，引进自然光，使得室内自然光线充足、明亮，节省照明灯具使用，促进绿色环保的可持续发展。

项目建立多层次的环境管理体系，对每一个分部、分项工程的施工质量都严格把控，坚持“环保低碳、优质服务、不断创新、保证质量”的总体方针。制订环境管理计划，有针对性地采取措施，降低环境荷载。采取一系列节材措施，在保证工程安全及质量的前提下，对施工方案进行节材优化，实现建筑垃圾减量化。

暖心举措促进民心相通

除了将中国技术带到当地，项目还以实际行动践行“授人以渔”。项目积极为当地群众提供就业岗位，累计招聘属地工人1500余人，在带动沿线居民工作就业、提升

▲ 太子集团总部大厦

▲ 太子集团总部大厦屋面

收入的同时，还积极组织中柬员工签订导师带徒协议，定期开展项目职业技能培训，提升属地员工专业技能。

为推进管理人员、劳务工人属地化，项目采用中方工人结合属地工人的作业模式，逐步优化属地工人占比，优选属地国小班组进入项目施工，强化属地用工管理，助推项目良好运转。同时，项目还与当地大学等教育机构开展深入合作，成为金边皇家大学土木工程系在校学生学习、参观和实习基地。柬埔寨劳工部特意颁发奖状，感谢中建四局柬埔寨公司在促进就业方面所作的贡献。

项目不仅是中柬两国企业交流合作的纽带，也是促进两国民心相通的桥梁。疫情期间，项目积极响应柬埔寨政府号召，联动国内外资源，向西港省政府、柬埔寨国家税务局、劳工部移民局、内政部警察局、金边BKK区、孔子学院、BKK区医院等单位及团体捐助口罩、防护服、医用手套等各类医用物资，获得了当地政府和民众一致好评，被当地主流媒体报道，彰显了中国央企的责任与担当。

在项目落成典礼上，柬埔寨国土规划和建设部国务秘书潘速坡、柬华理事总会会长方侨生勋爵亲自到场，对项目的落成表示热烈的祝贺。潘速坡表示："在中国'一带一路'的倡议下，中国在对柬投资额和来柬旅游的客流量上均居第一，未来希望更多的中国企业来柬投资或合作。"与此同时，该项目获得了业主方的高度肯定，并荣获柬埔寨国土规划和建设部颁发的建筑质量奖、现代建筑奖等。

2013年，中国提出"一带一路"倡议，进一步打开了中国与世界市场的通路。两年后，中建四局搭乘"一带一路"快车，首次进军柬埔寨市场，为当地群众谋福祉，实现市场开拓和中外融合发展新跨越，迎来海外事业新机遇。太子集团总部大厦项目是中建四局积极践行国家"一带一路"倡议的重要举措和重大成果，对加强中柬双方长期合作、深化中柬友谊、打造"中国质量"新名片、助力两国经济发展具有重要意义。

作者 | 中建四局　苏润菁

▲ 太子集团总部大厦中庭全天窗屋顶

▲ 吉隆坡106交易塔

天际下的城市之光

2018年底，由中国建筑马来西亚有限公司承建的中资企业海外建设第一高楼——吉隆坡106交易塔（亦称吉隆坡标志塔）突破450米，成为马来西亚首都吉隆坡天空下的地标建筑。

106交易塔位于吉隆坡敦拉萨国际贸易中心核心区，是一座集金融、商务、购物、办公于一体的多功能写字楼，地上建筑高度为452米，是马来西亚最高的建筑之一。它是敦拉萨金融交易中心的一部分，在新的城市总体发展规划中，将成为吉隆坡新的中央商务区。

攻坚克难 创造新纪录

项目工程量极大，建设过程中共使用15万立方米混凝土、32万平方米模板、3.3万吨钢筋、2.2万吨钢结构、59部电梯。项目结构形式为筏板基础，主楼地下部分为混凝土框架核心筒结构，地上部分为钢框架混凝土核心筒结构，裙楼为框架结构……工程量巨大、建筑结构复杂、施工技术要求高，是摆在中国建设者面前的一道难题。

在挑战面前，中国建设者迎难而上，27天完成3200吨大底板钢筋绑扎、53天完成2800吨塔冠结构施工、主体结构平均3天一层、工期仅31个月。106交易塔物业管理公司总经理帕特里克·霍南惊叹道：“这样规模庞大的建筑，中国建筑能够在短短3年时间里建成并运营这个项目，是非常了不起的一件事。”

据悉，106交易塔项目建设过程中先后打破马来西亚多项建设纪录：60个小时完成20000立方米底板大体积混凝土浇筑，创造了马来西亚一次性成功浇筑大体积混凝土的纪录；600天日夜施工，顺利实现核心筒结构封顶，2至

106交易塔静静伫立在车水马龙的城市中央，俯视着吉隆坡的城市景观，也成为这座城市最亮眼的地标。

3天一层的施工速度和1天内完成塔吊支撑梁安装等，均刷新了马来西亚施工新速度；413.66米的泵送混凝土技术和“内爬外挂”式超高层塔吊安装技术等，开创了马来西亚超高层建筑施工的先河。

中国技术 打造新地标

新纪录背后，中国技术功不可没。为了提高施工速度，同时确保工程一次性验收合格，项目团队利用三维激光扫描等技术提前在中国对钢构件进行三维扫描，然后利用虚拟现实、4D施工模拟等技术将构件进行虚拟预拼装，待实物运抵马来西亚后，参照虚拟预拼装开展施工。此外，项目部从国内引进自研物料顶升平台液压爬模架，与国外多卡爬模体系结合使用，实现了爬模分段流水施工等关键技术突破，最大程度上提高了机械和人工的施工效率，仅用时20个月就实现了核心筒封顶。并且施工时，项目面临着高温天气下水泥的裂缝控制难度大、当地缺乏超高泵送设备与经验等难题。得益于中国近年来在超高层建造领域的瓶颈突破和施工过程中的技术创新，这些难题在106交易塔建设过程中被一一攻克。

中建马来西亚有限公司副总经理祝珗崴曾参与中国建筑在马来西亚多个重点项目的建设，他介绍：“106交易塔项目使用的是隐形爬升平台，超高层垂直运输完全利用筒内施工电梯与正式电梯辅助转换，这是首次在马来西亚使用塔式起重机爬墙系统，106交易塔因此成为当地第一例施工过程中塔楼外立面无任何施工设备、无任何后做结构的超高层建筑。”在项目建设过程中，安全理念贯穿始终。“中国企业有很强的创新能力和先进的建造技术，这一项目累计安全生产达2000万工时，令人赞叹。”项目属地安全官丹尼斯说。

属地经营 引领新发展

项目建设过程中，不仅引入了中国建筑先进的技术和设备，同时也培养了一批属地化人才，赢得各方高度评价。中国建筑积极与属地各方结成利益共同体，为中外员工搭建同台竞技、共同发展的平台，不少属地员工成长为中高级管理人员。同时，项目建立“中方牵头、外劳为主”的属地用工模式，开展名师带徒，经验丰富的中国师傅们带起“洋徒弟”，提高了外籍劳务的技能水平。

在项目建设期间，当地投资商、建筑商到项目施工现场参观考察20多次，学习施工管理经验；当地土木工程、工程造价、工程安全等专业的大学生也被招聘到项目上实习。马来西亚媒体《星洲日报》编辑陈晓萍在项目采访后表示：“中国企业不仅为马来西亚打造了新地标，还就爬模、塔吊顶升等关键技术对当地工人进行培训，推动了当地超高层建造领域的人才发展。”

中国建筑马来西亚有限公司安全总监帕西本在接受采访时说道：“在中国建筑工作的7年时间里，我从一名安全主管成长为公司的安全总监，物质生活条件得以改善，掌握的知识也更加全面。中国建筑带给我成就事业的机会，也带给我和家人更好的生活。”中国建筑马来西亚有限公司总经理吕恩表示：“为响应国家‘一带一路’倡议，在走进马来西亚建设的过程中，公司大量招聘属地人才，属地化率不断提升，同时与当地企业、供货商达成合作，携手共进，互利共赢。”

建筑是凝固的艺术，城市就是展览馆。如今，106交易塔静静伫立在车水马龙的城市中央，俯视着吉隆坡的城市景观，也成为这座城市最亮眼的地标。

作者 | 中建八局　王阜阳、寇哲

匠心独运 点亮迪拜城市新地标

▲ 迪拜派拉蒙酒店项目登上央视《又见丝路》专题纪录片

在中东金融商业中心迪拜，一座258米的高楼与世界第一高楼"哈利法塔"共同勾勒出迪拜高端、大气、奢华的城市风格，它就是由中国建筑承建的迪拜派拉蒙酒店。

迪拜派拉蒙酒店项目总建筑面积13.54万平方米，是集酒店、商业、娱乐休闲、旅游度假于一体的地标性建筑，荣获国家优质工程奖。项目作为中国商务部核准承建的对外承包重点工程，积极响应"一带一路"倡议，成为中国、阿联酋两国企业成功合作的典范，进一步加速推动了两国文化、经济深入互动交流。

设计引领 突破与保护充分融合

迪拜是一座融合了阿拉伯传统文化和现代文化的大都市，是全球重要的商业和金融中心之一。迪拜派拉蒙酒店项目为了契合迪拜开放包容的城市风格，项目团队一开始就以"高端商务+休闲度假"为集成设计理念，坚持"方案先行、样板引路、过程跟踪、严格验收、一次成优"的管理思路，将可持续发展、智能与环保、属地文化保护进行有机融合。通过将迪拜特色文化与外来文化相结合的内外美学设计，让全球商客感受到来自酒店内外兼在的文化熏陶。

项目不同楼层采用开放包容的设计风格，充分满足世界各国旅客需求，形成活跃开放与特色保护相结合的包容性酒店氛围，打造文化性消费的酒店亮点。

同时建筑内部采用智能控制系统，把先进科技与数据传输技术巧妙融入现代建筑设计理念，智能化与建筑艺术完美结合。观景房采用270°广视角设计，充分发挥玻璃幕墙的优越性，房间宽敞、明亮，朝向建筑群，视野宽阔，整体效果豪华大气。建筑外墙设计突破传统，采用三种灯光分段设计，底部竖向流线型LED暖光灯，中部冷光吸顶灯，顶部均匀满铺紫色渐变筒灯，让夜晚的派拉蒙酒店宛如空中明星，在建筑群中格外耀眼。

科技创新 信息化与智慧建造充分融合

项目定位为功能多样化、绿色环保的世界高端商务建筑综合体，项目团队从一开始就面临着环保要求高、施工空间狭窄、外观幕墙安装复杂、工期短的难题。

针对项目施工空间狭窄、环保要求高的难题，项目团队认真研究当地施工标准，创新施工模式，根据地形特点采用"三角形"平面设计，极大地提高了土地使用率和建筑的抗震能力。同时建筑节能设计以"三角形"平面外形为着手点，采用具有日光收集功能的自动照明控制系统，实现自动调整室内光照，达到节能减排效果，最大程度减少碳排放，提升建筑节能环保效能。

项目外立面装饰采取全幕墙设计，不规则幕墙占比高，制作、安装难度大。为解决此难题，项目团队采用不

迪拜派拉蒙酒店项目作为中国商务部核准承建的对外承包重点工程，积极响应“一带一路”倡议，成为中国—阿联酋两国企业成功合作的典范，进一步加速推动了两国文化、经济深入互动交流。

规则幕墙BIM可视化模拟技术，可实现不同楼层、不同部位、形状各异的幕墙制作、安装相关技术参数自由调整，快速生成不同模型，直观体现安装效果，技术交底高效无误，精准指导现场施工。

为加快工期整体进度，项目团队采用“框架—核心筒”结构作为主体结构型式，楼板采用铝模的后张法预应力板，尺寸小、重量轻，可人工拆、倒、装而不需塔吊，大大提高了施工效率，砌体工程位置和垂直度合格率达100%，这也是该项技术在中东区域的首次使用。同时项目团队通过内爬式塔吊技术和全钢爬模技术，提升塔吊使用效率，缩短塔吊现场使用周期，节省塔吊使用成本，加快工期整体进度，得到监理及业主的一致好评。

项目自开工以来，应用建筑业十项新技术8大项、15小项，开展自主创新施工技术7项，获科技创新奖、专利、工法、绿色建筑LEED银牌认证等创新成果64项，并成功斩获10余项国家级和省部级荣誉，施工技术整体达到国际先进水平。

共建共享 生产经营与属地建设充分融合

项目在建设过程中始终坚持共商、共建、共享原则，将施工生产与属地建设充分结合，累计培训属地技工千余人，助推中阿两国人文互动。

酒店正式交付运营以来，因结构安全可靠、使用功能齐全等优点，获得业主方及中国驻迪拜总领事馆一致好评，为中东地区“一带一路”商贸发展提供了有力的服务保障。同时，项目施工建设纪实多次登上国内主流媒体平台，并在中央广播电视总台《又见丝路》专题纪录片中播出，充分彰显了中资建筑企业“走出去”的良好形象。

该项目之后，中建七局在阿联酋市场又承接了富吉拉商业中心和迪拜Downtown Views Ⅱ两个项目，同时在中建集团的带领下，扎实开拓沙特阿拉伯市场，承接多个房建项目，中东市场深耕效果显著。

▲ 迪拜派拉蒙酒店项目露台

▲ 迪拜派拉蒙酒店项目房间内景

未来，中建七局将继续秉持匠心和初心，高标准推进项目建设，打造国家级优质工程名片，为推动“一带一路”高质量发展贡献更多中建力量。

作者 | 中建七局　李玄召、张志锋

梦想在“云顶之巅”绽放

在海拔1860米以上的马来西亚半岛蒂迪旺沙山脉深处，一群平均年龄不到30岁的中建二局海外建设者们正奋战在马来西亚云顶高原Grandhill Plot5项目工地上。团队一路披荆斩棘，突破重重险阻，仅用时3个月便迎来了长1000米盘山道路的正式通车。

马来西亚云顶高原Grandhill Plot5项目坐落在马来西亚国宝级旅游胜地“云顶高原”半山区域，建筑面积18.5万平方米，由地上7层裙楼和两栋高达246米、57层的超高层住宅组成。项目建设内容包含盘山道路、多层地上车库、户外恒温泳池、多功能健身房、人文景观花园、大型观景台、儿童游乐室、户外烧烤区、超高层住宅等业态设施，是一个集旅游度假、休闲避暑、人文自然于一体的马来西亚顶级住宅综合体。

丛林探险 建证跨国友谊

在山中建造超高层住宅绝非易事。除了要在规定时间节点内完成建设内容外，还有很多的技术难题需要攻克。在项目入场道路的设计阶段，团队就开始面临重重挑战。项目所在地是与主道路垂直高差近100米未开发的原始森林高地，由于道路需满足大型货车的运输要求，因此坡度要保证在8%到12%的范围内，而山体大多是硬度高达150兆帕的花岗岩，开凿难度大、费时长，要避开花岗岩开凿，首先就要挑选一条合适的路径。

项目技术部决定深入丛林中实地考察，并运用无人机航拍勘查。然而，云顶高原为热带雨林气候，不仅海拔高，而且降雨量大、湿气重、雾多、能见度低，实施起来可谓难上加难。

▶ 马来西亚云顶高原项目效果图

马来西亚云顶高原Grandhill Plot5项目建设过程中，中国建筑特别聘请马来西亚当地的持证环境咨询官，专项提供项目前期调查服务，全盘掌控生态情况，形成“边调查、边诊断、边施工、边验证”的绿色环保管理推进机制。

▲ 马来西亚云顶高原项目进场道路

2022年2月的一天，项目总工李密和马来籍工程师阿米尔第一次进入项目所在地森林中考察，他们刚踏入时还晴空万里，但爬至半山处时，山里开始起雾，空气变得潮湿，岩石也逐渐湿滑。在行进过程中，李密一不留神脚下打滑，摔了一跤。阿米尔见状赶紧扶起他坐到一旁的岩石上，对他说道："李工你先休息一下，我到附近去看看。"说罢，起身便进入了茂密的丛林中。

这时，森林里传来鸟类、野猴子等动物混杂的叫声，让李密感到一阵恐慌。随后便听见阿米尔也大叫了几声。这看似调皮的举动驱散了李密心中的恐慌。过了几分钟，阿米尔手里拿着一根光溜的粗树枝走出来递给李密，说道："这是我给你做的拐杖，虽然简易了些，但也能发挥一些作用。"说罢，两人不约而同地笑了起来。

有了这次经历，项目技术部开始组织团队学习户外探险和野外求生的专业知识，成员们不仅收获了新技能，也增进了中马员工彼此间的感情。

优化设计 让建筑与自然和谐共生

由于山上树木多、雾气大，因此无人机在使用时信号很弱，项目的"95后"员工张涛在一次使用无人机勘查时，飞行在项目上空的无人机突然与手机信号断联，无人机从高空坠了下来。这次失败的经历并没让张涛气馁，闲暇之余，他积极在网上搜寻操纵无人机的专业课程，通过不断的试错，最终摸索出一套在山区的飞行"秘笈"。

经过工程师的缜密计算、数次实地丛林探险，以及反复模拟试验，一条最优路径终于被大家摸索出来。但在"开路"过程中，还有一道难题有待攻克，那便是环境保护。

项目所处地域环境资源丰富，"实现建筑与自然的和谐共生，也是我们建设的初衷。"在每次项目例会上，项目经理余云格都会向大家反复强调。

为此，项目专门在道路设计上增加了对环境保护的考量，在1公里道路上设置了4座沉淀池和2座水坝，充分利用地势和水量的变化，调节水资源质量，使流出项目的水依然清澈如初。

为落实绿色施工管理要求，项目还特别聘请马来西亚当地的持证环境咨询官，专项提供项目前期调查服务，全盘掌控生态情况，开展现场勘察，制定绿色施工方案，形成"边调查、边诊断、边施工、边验证"的绿色环保管理推进机制。在施工过程中，项目团队采用防尘网覆盖裸露土壤；施工结束后，还会第一时间播种草籽和栽种小灌木，进行全方位复绿，大大减少对生态环境的破坏。

迎难而上 攻坚奋进保履约

在施工过程中，项目团队先后面临疫情防控形势严峻、工期紧、任务重、难度大等多重压力。为此，项目以"日"为单位制定施工计划，每天早、晚定时召开协调会议，总结当日施工情况，及时解决各标段存在的问题。同时，加大人员和设备的投入，将总长度1公里的进场道路划分为五大施工段，安排11台大型挖机、5台压路机、5台反铲推机实施平行作业。

此外，云顶高原每周至少下三场暴雨，道路两旁存在滑坡、泥石流等不安全因素，针对当地气候特点，项目又根据各路段实际，采用泥浆护壁、钢板桩、种植覆土等多种方式，及时消除安全隐患。

在项目建设的两年多时间里，项目部将100多名当地居民培养成了专业的技术及行政管理人员，不仅为当地经济发展作出了积极贡献，也增强了当地居民对中国企业的认同感。如今，项目团队仍在奋进冲刺，期待着一年之后，这座魅力新坐标的惊艳绽放。

作者 | 中建二局　陈颖倩

打造肯尼亚全国保障房建设标杆

▲肯尼亚内罗毕公园路保障房项目

在有着“东非小巴黎”美誉的肯尼亚首都内罗毕，市区车水马龙，人来人往。然而距离市中心几分钟车程就是肯尼亚第一大、非洲第二大贫民区——基贝拉贫民窟。这片2.4平方公里的土地上“蜗居”着大约100万人。并且，基贝拉的人口还在不断增加，内罗毕以外地区的贫困人口每天都在大量涌入。迅速增长的城市人口对住房提出了更多需求，内罗毕的住房环境亟待改善。

肯尼亚城市人口占总人口的22%，并以每年约4.2%的速度增长。根据肯尼亚政府发布的一份全国住房调查报告显示，肯尼亚全国每年住房短缺达20多万套，让当地百姓走出贫民窟、住上保障房，对肯尼亚政府来说政治意义和战略意义重大。2018年，肯尼亚政府颁布了“The Big

内罗毕公园路保障房项目住户约瑟夫对新房子非常满意，“拥有一套舒适的住房是很多肯尼亚人的梦想，现在我的梦想实现了，一切在变得更好”。

▲ 时任肯尼亚总统乌胡鲁·肯雅塔视察内罗毕公园路保障房项目

Four Agenda”，其中“建设50万套保障房”便是内容之一，内罗毕公园路保障房项目应运而生。

匠心履约 见证“中建速度”

肯尼亚内罗毕公园路保障房项目位于肯尼亚首都内罗毕恩格拉区，占地3.2万平方米，建筑面积12.3万平方米，建设内容为1370套保障性住房和相关配套基础设施。该项目是中国建筑在肯尼亚承建的“一带一路”重点项目，也是肯尼亚前总统乌胡鲁·肯雅塔推行“四大施政目标”之一的保障房计划的首个落地项目。

2019年2月5日，项目正式开工。施工期间，受新冠肺炎疫情全球大流行影响，项目现场劳务作业人员、机械、大宗进口材料进场困难。管理团队与分包商共同商议疫情防控、施工计划、人员落实、材料落地、机械进场等整体方案。为保证材料运输顺畅，团队采取“1对1”跟进措施，以“小时”为单位汇报任务完成情况，遇到困难第一时间沟通解决，保证了项目顺利推进、现场生产不停摆。此外，项目团队还依据土方开挖后的地质情况，对主体结构布局、构件尺寸等进行再优化，并重新进行荷载计算，尽量缩短施工周期。

2019年5月22日，时任肯尼亚总统乌胡鲁·肯雅塔视察内罗毕公园路保障房项目，在视察项目沙盘和施工现场过程中，边与项目相关人员交流，边竖起大拇指称赞。他对中国建筑扎实的工作作风和良好的施工进展给予高度评价，对中国建筑为项目实施做出的不懈努力表示感谢，对项目施工进度快、质量高、融入丰富的当地元素给予高度赞扬。他表示，公园路保障房项目将成为全国保障房建设的标杆，在全国范围内具有示范作用。2020年10月22日，项目顺利完成竣工验收，比合同工期提前75天，东非大地再次上演“中建速度”。

“鱼渔”同授 见证合作共赢

2019年5月9日，在肯尼亚交通、基础设施、住房与城市发展、公共工程、工业与贸易等多个政府部门高级官员的共同见证下，项目与肯尼亚中小企业协会就门具采购签署合作协议。按照协议规定，项目8400扇门具均在中小企业协会会员单位采购，总价值近200万美元。

“中国建筑是非常好的合作伙伴，不但采购了我们的门具，还热情地给予我们生产技术指导和支持，他们在用实际行动帮助我们，也在当地为中国企业赢得了良好声誉。”门具生产厂商莫里斯表示。采购肯尼亚当地建筑材料，提供技术指导支持，带动项目当地企业创收，只是项目建设期间深耕属地、助力地方发展的缩影之一。

“在中国建筑工作期间，我的收入相较之前提高了三倍，我现在完全有能力满足自己和家人的基本生活需要，

▲ 肯尼亚内罗毕公园路保障房项目夜景

我相信未来的生活一定会越来越好。”曾担任项目监理工程师的卡冒满意地表示。据统计，中国建筑共聘用了超过1000名肯尼亚当地员工参与项目建设。除了给予他们符合预期的薪酬，中国建筑还在施工管理理念、生产技术等方面提供了大量帮助。“双方合作非常愉快！”卡冒说：“在工作过程中，我向中国同事们学到很多，他们总是能够提前订好项目所需材料并及时运到施工现场，他们对细节的严格把控和认真负责的态度令我印象深刻。”

筑梦安居 建证幸福生活

“房子有三间卧室、两个卫生间，还有一个客厅和开放式厨房，房屋通风很好，完全可以满足我和家人的居住需要。”住户约瑟夫对新房子非常满意。此外，小区拥有完善的雨污水处理系统、充足的停车位，篮球场、幼儿园、儿童游乐设施等基础配套也一应俱全。居住环境的改善，大大提升了约瑟夫一家的幸福感。“这里离中央商务区很近，住在这里非常方便、舒适。”他说。

早先，约瑟夫租住在城乡接合部一个不到20平方米的单间里，一家四口人蜗居在小房子中。后来，他很幸运地申请到了一套内罗毕公园路保障性住房，项目交付后一家人便搬了进来。“拥有一套舒适的住房是很多肯尼亚人的梦想，现在我的梦想实现了，一切在变得更好。”新房子、新环境、新生活，实现“安居梦”的约瑟夫对未来有着无限憧憬。

作为中国建筑在肯尼亚承建的首个保障房项目，内罗毕公园路保障房项目提前75天验收交付，是肯尼亚保障房体系建设的良好开端，有效改善了肯尼亚住房环境，解决了近万名肯尼亚居民住房需求，并极大提振了肯尼亚政府、民众对未来保障房项目建设与推广的信心，进一步树立了中国建筑的品牌形象，为后续非洲保障房领域的持续开发，创造更多高质量、可持续、惠民生、绿色环保的工程奠定了坚实的基础。

作者 | 中建国际 任庆泰 中建七局 郝佳钰

EVERLASTING FRIENDSHIP

国之交在民相亲。中国建筑积极融入“心联通”，致力打造接地气、聚人心的合作成果，赋予当地群众更多获得感，以真诚友善向世界递出一张张中国友谊名片。

布图卡学园：建证中巴新友谊

▲ 布图卡学园项目举办国际中文日活动

在巴布亚新几内亚首都莫尔兹比港，宁静的小渔村基拉基拉村旁，一座崭新的校园里传出琅琅读书声。教室里面，学生们正在认真上课；不远处的现代化运动场上，有孩子在欢快奔跑；校园内随处可见郁郁葱葱的绿植，还不时听到一声声清脆的鸟叫……这里就是中国—巴新友谊学校·布图卡学园。

2016年，中国深圳与巴新首都莫尔兹比港签署了《友好交流合作备忘录》，两地结为友好城市。2017年7月，经深圳和莫尔兹比港市政府换文确认，深圳市政府将为莫尔兹比港无偿援建一所学校，即中国—巴新友谊学校·布图卡学园。

2018年，习近平主席对巴新进行国事访问期间，为中国—巴新友谊学校·布图卡学园揭牌。几年来，布图卡学园的发展，习近平主席一直挂在心上。2020年7月，习近平

布图卡学园初中部学生大卫说道:"新校园非常漂亮,还有一个宽敞的运动操场,我和同学们可以在操场上跑步踢球,我们都非常喜欢这所新学校。"

主席复信肯定学园办学成绩,对学园近期克服新冠肺炎疫情影响实现复课表示欣慰,指出中方将继续为学园发展提供必要支持和帮助。2022年11月,在会见巴新总理马拉佩时,他表示,愿根据巴新需要,派遣教师赴学园任教,提供教学设备等物资。

原来的布图卡学校仅有幼儿园和小学部,学生数量约1500人,校舍拥挤破旧,教学条件较为简陋。巴布亚新几内亚是南太地区最大岛国,也是经济欠发达国家,建筑供应链不成熟,常年高温多雨,给布图卡学园项目施工带来不少难题。负责项目建设的中建科工团队在巴新利用国内成熟的"钢结构+"产业优势,以装配式钢结构绿色建筑代替传统建筑,采用工业化建造模式将项目施工效率提高50%,建筑垃圾减少一半。

从高空俯瞰布图卡学园,以深圳拼音首字母"SZ"和数字"521"作为学校整体布局,校园在保留当地大屋檐建筑风格的同时,庭院灯、标识系统都融入了中国传统建筑元素,两者相辅相成,既给当地的学生带来了美丽舒适的学习环境,也是中巴新两国深化合作的生动缩影。

项目设计运用五大绿色技术,使得建筑本身更加适应气候、生态环保;借鉴当地建筑传统的斜向坡大屋顶样式,有效遮挡太阳对屋面的直接辐射;教室立面设高百叶窗,采用低层架空,建筑竖向庭院形成自然的竖向拔风,有利于室内外空气循环。

项目使用钢结构装配式结构体系,采用钢筋桁架工厂预制楼承板和夹心式轻钢龙骨工厂预制拼装墙板,装配化率高达80%。自移交使用以来,经历多次地震灾害,建筑结构未出现任何损坏,充分彰显出装配式结构体系和施工品质的优势。

巴新国会议员贾斯廷·特卡琴科多次在公开场合表示:"感谢中国政府和中国建筑为巴新人民建设一座如此高标准的学校,为当地学生接受良好的教育提供了保障。"

布图卡学园总用地面积约50582平方米,总建筑面积约10800平方米,可容纳学生约3000人,其中配置小学部26班、中学部16班、幼儿园10班、多功能厅、教职工公寓12间及室外活动场地等。目前学园已发展成为巴新基础设施最完善、硬件条件最好的一个学校,极大改善了当地办学条件和教育水平。

中建科工在布图卡学园建设过程中也在不断与当地

▲ 布图卡学园项目航拍图

▲ 布图卡学园项目举办"建证40年·中国建筑奇迹之旅"开放日活动

▲ 当地村民在布图卡学园项目围挡前驻足

▲ 当地学生观看布图卡学园项目展板

▲ 布图卡学园项目中外方员工欢度新春

▲ 当地学生到布图卡学园项目参观

文化进行磨合、融入，以便更好地进行生产经营工作。在刚进入巴新市场时，项目土地拆迁问题突出，项目团队根据当地风俗，积极联系当地村长、议员等，梳理拆迁流程，积极与村民沟通并提供尽可能的便利；将项目驻地外墙替换成为海洋部落图腾，拉近与当地村民距离；支援属地抗击登革热、新冠肺炎疫情，和当地居民建立良好关系，以真心换真情。

在布图卡学园开工仪式期间，巴新最大媒体Post-Courier头版头条以“历史时刻”冠名对该项目报道；时任巴新总理奥尼尔特意给中国驻巴新大使薛冰发来感谢短信，在当地引发热烈反响；举办“建证40年·中国建筑奇迹之旅”开放日，巴新国家APEC部长及教育局官员、媒体记者、当地教师、学生和社区居民500余人来到现场见证布图卡学园的落成，深入感受中巴新两国友谊。

谈起这所新学校，初中部学生大卫说道：“4年前，我们学校的条件很差，教学楼和教室都很破旧，教室空间拥挤、光线昏暗，甚至没有足够的课桌和座椅，我们只能坐在地上上课。新校园非常漂亮，还有一个宽敞的运动操场，我和同学们可以在操场上跑步踢球，我们都非常喜欢这所新学校。”

2020年5月，新冠肺炎疫情期间，中国驻巴新大使馆、深圳市教育局及中建科工向布图卡学园捐赠防疫设施及物品，助力巴新抗击疫情。2021年10月，布图卡学园孔子课堂正式启动，中建科工员工踊跃参加孔子学院中文节、端午节文化推广等活动，助力学校办学氛围提升，促进两国文化交融。2021年11月，深圳市福田区翰林实验学校与布图卡学园正式签约确定友好合作关系。中建科工积极配合，为两国学校友好交流搭建桥梁。布图卡学园建成移交使用5年来，中建科工高品质完成质保期内常规维保工作，后积极承担项目2020-2040年相关设施维保工作，已陆续完成室内涂装、设备检修、屋面吊顶等维保工作，赢得校方和学生的赞赏。

“新校园给我们带来了很多变化，除了硬件上的完善和提升，生源和师资也有了很大的变化，现在全国各地的学生都想来我们学校，也吸引了许多优秀的老师，我相信学校会越来越好。”布图卡学园小学部主管丹尼斯·奥夫高兴地说。

布图卡学园是中国和巴新友好合作的结晶，是两地人民深厚友谊的象征。如今，布图卡学园已为当地解决了3000多名中小学生“上学难”的问题，已有200余名学生从布图卡学园毕业。中巴新之间跨越山海的情谊，是两国人民互助友爱的生动缩影。

作者 | 中建科工 番正明

跨越山海的梦想建造者

▲ 斯里兰卡SHINING STARS儿童公益学校的孩子们收到中建装饰捐赠的图书

建筑，承载着人们对美好生活的向往。装饰，糅合了光、色彩与空间，赋予建筑更多生命的力量，拉近人与人、心与心的距离。中建装饰跨越山海，在有着悠久历史的千年文明古国斯里兰卡，建设了一座“小而美”的儿童公益学校，筑起中斯民心相通之桥。

2019年，中建装饰与清华大学ICA团队合作，在曾经的古锡兰王国旧都，也是如今斯里兰卡最贫困的地区之一——中北部的阿努拉达普拉，建立了一座倡导环境友好、融入两国文化特色的儿童公益学校，作为“梦想建造者”帮助当地改善教育状况，延续斯里兰卡的古老文明之美。

公益学校建筑面积360平方米，是一幢两层高的建筑，一层是日常使用的教室和办公区；二层则是当地的第一座图书馆，包含阅读空间与心理咨询室。该项目建设从气候应对、材料选取、文化符号运用等方面充分尊重斯里兰卡传统，将当地崇尚的“与自然连接”的概念深深融入建筑设计里，延续了孩子关于家园的想象和记忆。

项目采用被动式建筑设计理念，充分利用自然采光和通风，即使没有空调，房间内仍能保持舒适的温度，最大

从野生大象经常出没的林地，到充满孩子们读书声与欢声笑语的学校，这个“小而美”的公益项目，照亮了当地儿童的成长之路，给孩子们带来了“微小而确定的幸福”。

限度地降低能耗，有效节约了资源。项目团队因地制宜沿用当地材料和工艺，在二层屋架部分则将中式建筑的轻质木结构设计理念引入当地，坡屋顶、大挑檐与框架结构结合，在保证空间通透性的同时，促进室内通风降温。相比斯里兰卡传统的泥土、砖石结构屋顶，项目为当地民居设计建造带去了更多启发。

项目施工时正值雨季，地面湿滑，给设备进场和施工造成困难，施工用水都成问题。淳朴、热情的当地村民自发前往帮忙，义务做一些运输材料、打井、种树等力所能及的事情，共同解决现场施工难题。

“90后”项目负责人胥超等来自中建装饰的中国员工也积极组织当地青壮年参与砌墙、抹灰、贴砖等施工技能培训，提高当地员工的建筑技能，为当地人提供了一份不错的收入，并以这个小项目为载体，带动优秀的年轻人到科伦坡工作锻炼，从而真正帮助贫困家庭改善经济条件。尽管语言不通，两国工作人员却在工作过程中建立起深厚的友谊。“在海外工作多年，从来没有想过做一个项目能让自己如此深地融入当地民众。”胥超说。

▲ 斯里兰卡SHINING STARS儿童公益学校项目志愿者为当地儿童教授中英文会话（新华社图）

▲ 斯里兰卡SHINING STARS儿童公益学校（新华社图）

▲ 斯里兰卡SHINING STARS儿童公益学校项目负责人胥超教授当地年轻人贴地砖（新华社图）

为培养当地人未来运营项目的能力，在实施公益项目期间，英语流利的胥超联合会讲英语的村民，在工地旁边组织当地儿童开展绘画设计比赛等多样活动。项目志愿者每周开设“一小时课程”，为孩子们教授简单的数学和中英文会话，教学计划一直持续到项目完工。此外，胥超还教会了孩子们用屋架废料模拟砌高楼，以此激发孩子们未来当工程师的热情。“我喜欢给孩子们上课，孩子们发自内心地手舞足蹈，让我为所做的项目感到自豪。”

公益学校于2019年正式投入使用，服务覆盖周边10多个村落。当地人给它取名为“SHINING STARS”，意味着孩子就如天上闪亮的繁星，也意味着中国与斯里兰卡共同仰望一片星空，人类命运共同体的梦想得以照进现实。

公益学校建成以来，持续为当地儿童提供爱与庇护，帮助孩子们获得了更多的知识、更好的教育。从野生大象经常出没的林地，到充满孩子们读书声与欢声笑语的学校，这个“小而美”的公益项目，照亮了当地儿童的成长之路，给孩子们带来了“微小而确定的幸福”。

2022年“六一”儿童节前夕，学校负责人Gamage女士向中建装饰发来感谢信。在信中，她多次表达了感谢，并介绍了公益学校目前的运转情况。她提到，公益学校的建立，不仅为当地贫困儿童提供了读书、玩乐的安全场所，还提高了当地居民的社会责任意识，父母越来越重视孩子们的教育问题，孩子们的能力和素质也在不断提高。目前SHINING STARS已获得了社会的广泛认可，未来将承载更多的希望继续前进。

千百年来，当地最负盛名的千年菩提树始终照耀着这片古老文明之地。中国为斯里兰卡带来的一个个深入民心的“小而美”项目，不仅解决了当地最迫切的民生需求，更促进了彼此之间的人文交流，深化了中斯两国人民的友谊，人类命运共同体的梦想得以照进现实。在“一带一路”建设的道路上，中建装饰将持续打造更多海外精品工程，跨越山海，成其久远，为更多的人拓展幸福空间。

作者 | 中建装饰　邓思敏、钱镠

以鲁班之名，连接世界共赴梦想

“鲁班工匠计划”是中国建筑推出的可持续战略品牌项目，是以职业技能培训为核心、辅以企业形象与品牌传播的一项可持续发展行动计划。项目英文名称为“Up We Build”，由“鲁班精神”和中国建筑企业精神中的“务实”“创新”“担当”“共赢”凝炼而成。项目愿景为“赋能人才创新成长，共建共赢建筑未来”（Inspire to Rise, Build to Thrive)，中国建筑坚持“以人为本”理念，为员工提供可持续发展的视野平台，促进员工与企业共同发展，实现个人价值和人生幸福。

▲ 多国开展“鲁班工匠计划

该计划以“鲁班学院”（UWB College)为实施主体，联合当地政府机构、行业协会、知名建筑类院校、上下游合作方等共同发起成立，实现中国建筑专业知识、专业经验和企业文化的交流传承与分享,促进所在国建筑行业企业共同发展。截至目前，已在10个国家开展培训、交流、实习240余次，开展技能竞赛类活动292场次，覆盖学员2万余人。埃方监理班纳说，鲁班学院不但为埃及建筑业发展带来了宝贵的交流契机，而且让埃方员工更加了解中国，让当地更多民众感受到中国的发展和友好。

中国建筑聚焦建筑行业女性从业者，通过女性教育赋能、女性工程师公开课等形式，重点关注当地建筑行业女性从业者成长，支持建筑行业女性职业发展。此外，“鲁班工匠计划”致力为当地的儿童和青少年提供建筑启蒙教育，增强青少年群体对建筑的理解，并激发他们对这一领域的兴趣。

扫码详细了解鲁班工匠计划

作者 | 企业文化部 王淇

鲁班学院“课代表”成长记

2020年，中国建筑在埃及开设境外首家鲁班学院，累计为3800余名埃及工程师、技术人员、工程专业学生等提供培训、交流、实习。中国建筑秉持“赋能人才创新成长，共建共赢建筑未来”的项目愿景，以“拓展幸福空间”为使命，在新加坡、阿联酋、马来西亚、斯里兰卡等国家陆续开设鲁班学院，为中建员工及所在国建筑工程领域青年学子提供学习、交流、成长的可持续发展视野平台，为促进当地建筑行业和社会经济发展贡献中建力量。

▲ 柬埔寨给排水工程师梅达

▲ 埃及土木工程师索哈伊拉

柬埔寨给排水工程师梅达（Chhorn Meta）

梅达是柬埔寨新金边国际机场的一名给排水工程师。从中国云南的大理大学毕业后，梅达立志成为一名给排水工程师。在中国师傅曾庆辉的指导下，梅达在实践中一边熟悉图纸一边学习中国规范，现在已经能够在工作中独当一面。越来越多的柬埔寨青年人像梅达一样，将自己的成长之路作为中柬两国人民友谊的纽带。以梅达的故事制作的视频《The Rising Generation》在中国日报官微、脸书、推特发布，海内外播放量超1173万。

埃及土木工程师索哈伊拉（Sohila Said）

索哈伊拉毕业于埃及亚历山大大学土木工程系，是中国建筑埃及阿拉曼新城超高综合体项目团队中唯一的女性工程师。在钢筋水泥搭建而成的建设现场，索哈伊拉熟练地穿梭于其中，拍照、记录、检查、询问，不放过每一个细节，大家亲切地称她为“工地玫瑰”。她说：“在这里我找到了自己的人生价值，感到十分自豪。”《工地玫瑰索哈伊拉》视频在CGTN法语频道网站、脸书、推特、优兔发布。

埃及机电管理员阿卜杜勒（Abdul Rahman）

埃及青年阿卜杜勒2018年从艾因夏姆斯大学毕业后加入了中国建筑，现在埃及新首都CBD项目的“双子星塔”负责机电安装工作，跟着中国师父周锋锋学习机电技术。阿卜杜勒说：“师父教的技术和管理理念深刻改变了我对工程师的看法，也加深了对工作意义的理解。”当“双子星塔”的空中连廊成功安装的那天，阿卜杜勒在自己的Whatsapp账号上分享了动态，家人朋友都为他点赞。相关故事视频在CGTN《央企逐梦》系列专题节目播出。

▲ 埃及机电管理员阿卜杜勒

埃及现场工程师迪亚（Diaa）

埃及阿拉曼新城超高综合体项目的埃及现场工程师迪亚，刚入职时是一名中阿翻译。为了出色完成翻译任务，迪亚随身携带的小册子记满了“桩基”“筏板”等专业术语如何翻译。通过一年多来跟随中国师父吴英飞在现场学习施工知识，迪亚积累了施工管理经验，熟悉掌握了现场工程师的工作内容，从翻译转型为工程师并深刻地体会到成长的意义。他说：“共建‘一带一路’倡议为埃及带来超高层建筑技术，我要好好珍惜学习机会。”迪亚的故事在CGTN财经、人民日报国际等新媒体平台发布。

▲ 埃及现场工程师迪亚（右）

埃及钢筋工穆罕默德（Mahmoud）

埃及阿拉曼新城超高综合体项目年轻的钢筋工穆罕默德有一个中国师父宋国帅。虽然他们语言不通，但能通过手势交流，师傅手把手演示，穆罕默德边看边学。一年来他已经能够对照图纸准确完成工作。穆罕默德表示，阿拉曼标志塔的光芒将来会点亮地中海，这是包括他和师父在内的中埃建设者共同努力的结果。穆罕穆德的故事在新华社全球连线、国资小新脸书等平台发布，获得众多海外粉丝点赞。

▲ 埃及钢筋工穆罕默德（右）

泰国安全总监陈杰特（Jatechan）

中泰高铁项目的中建安全总监陈杰特，被同事称为项目的“安全守护者”。对这一称号，陈杰特感觉重任在肩。中泰高铁项目采用了中国标准和技术方案，这意味着陈杰特必须同时学习和了解中泰两国的安全生产、劳动保护等规章制度。他喜欢中国谚语“世上无难事，只怕有心人”，这与泰国的谚语“努力在哪儿，成功就在哪儿”不谋而合。他说：“高铁建成的那天，我会和中国朋友一同欢呼，为我们的辛勤付出，更为我们珍贵的友谊。”《中泰高铁项目安全守护者》视频在人民日报国际平台发布。

▲ 泰国安全总监陈杰特

▲ 外籍员工中国行

10国鲁班学院"课代表"打卡中国

2023年3月，埃及新首都CBD项目的行政助理夏之星、马来西亚公司副总经理Chok Kong Wai、印度尼西亚公司投标部经理Citra Gudela等10名鲁班学员来到中国。他们参观了中建八局企业文化展厅，观摩了上海临港新片区103项目现场，多角度了解中国建筑，感受中国城市未来设计理念和中国发展现状。来自泰国光伏项目的工程师Patsarawoot Kongkha表示，自己之前非常钦佩勤奋、努力的中国同事们，来到中国后，更感受到中国人的热情。

登上兔年央视春晚的埃及新首都CBD项目员工夏之星说："我要努力做好中埃交流的小使者，把我在中国的所见所闻告诉埃及朋友，让大家更了解中国、喜欢中国。"在中国参观期间，夏之星参与了"陕西秘境"直播节目，以"慢直播"的方式为海外受众"云读陕西"，解密兵马俑背后的科技魅力与匠心独运。直播视频在脸书播放量达177.3万。

鲁班学院走进马来西亚高校

2023年4月26日，中建马来西亚公司与马来西亚拉曼大学联合开展"校企合作谋发展 携手共赢谱新篇"主题活动，双方签署校企合作协议，开展中外青年对话，共同建立校外人才培养基地，为学生搭建多元的就业成长平台。近年来，中国建筑联合厦门大学马来西亚分校、马来西亚管理与科学大学（MSU）、马来西亚苏丹阿兹兰沙大学（USAS）、马来西亚城市大学、清华大学未央书院等，开展中马校企交流活动20余场，联合马来西亚苏丹阿兹兰沙大学建立中马建筑职业技术教育发展中心。现如今，越来越多的马来西亚青年学子加入中国建筑，成为中国建筑大家庭的一员。

鲁班学院走进新加坡高校

2023年4月28日，中建南洋公司与新加坡南洋理工大学在线上开展主题为"住宅项目开发与项目施工管理"的交流讲座。公司以Twin VEW项目为例，与土木与环境工程学院师生分享了地产项目从开始到交付的完整过程。中建南洋公司聚焦建筑质量管理、PPVC（建筑预制模块）技术在项目实施中的应用、数字化与IDD技术分享、住宅项目开发与项目施工管理等议题，与南洋理工大学组织开展4次专题座谈交流，覆盖约300人次，受到学生欢迎。

作者 | 企业文化部 王淇

民心相融架起中俄“友谊桥”

▲ 俄罗斯波罗的海明珠多功能建设项目

在中国建筑工作的俄籍员工，都把中国同事当成了自己的亲人，把中国建筑当成了“第二个家”。目前，中国建筑在俄罗斯已解决千余名属地员工就业。

▲ 阿列克谢

▲ 让娜

▲ 叶甫盖尼

在俄罗斯境内的中国建筑施工、办公场所内，随处可见中俄员工相互沟通、合力协作的场景。在彼此文化认同和尊重的基础上，两国员工合作提升工作技能，增强获得感、幸福感。在中国建筑工作的俄籍员工，都把中国同事当成了自己的亲人，把中国建筑当成了“第二个家”。目前，中国建筑在俄罗斯已解决千余名属地员工就业。

“中国建筑是我第二个家”

阿列克谢是中建一局三公司俄罗斯格林伍德二期国际会展中心项目的机电工程师，先后参与了莫斯科中国文化中心装修改造、符拉迪沃斯托克“水晶虎”酒店建设、中共六大会址修复、莫斯科友谊商城装修工程和格林伍德二期国际会展中心的建设任务。

阿列克谢表示，“一带一路”倡议提出后，中国在俄罗斯投资了汽车、房地产、建筑、信息技术等行业，影响力越来越大。“我真的很幸运，能够在世界500强排名前列的企业找到一份工作，并在这里得到尊重和重视。”

让阿列克谢骄傲和自豪的，还有他在这里实现了“成家立业”。他的妻子娜斯嘉就职于中建俄罗斯公司行政部，负责办理中方员工出入境手续等工作。2018年，阿列克谢迎娶了娜斯嘉，建立了幸福的家庭。“我愿意一直在中建工作下去，项目建设在哪里，我就跟随到哪里，这里是我的第二个家。”

“在中建工作，我很幸福”

“我为我可以在中建工作而感到高兴。”中建一局三公司俄罗斯波罗的海明珠多功能建设项目翻译让娜说。10

▲ 俄罗斯格林伍德二期国际会展中心项目

年前，让娜凭借出色的中文和沟通能力，来到俄罗斯联邦大厦项目。

自加入中国建筑以来，她参与了许多重大项目，包括俄罗斯联邦大厦、波罗的海明珠多功能建造项目等。作为一名翻译，她凭借对中国文化和中国习俗的了解，提供了含义准确的翻译，帮助公司与俄罗斯人沟通交流。

“刚到项目，女儿需要和我一起从莫斯科转学过来。项目领导十分关心我和女儿的生活，还帮我联系了当地的两所学校，解决了女儿上学问题，我心里感到十分温暖。”让娜说。

“在中国求学，到中国企业工作”

2020年2月，叶甫盖尼来到格林伍德二期国际会展中心项目，负责俄籍员工考勤、会务接待等工作。他毕业于福建师范大学的法学专业，在中国学习的几年中，他不仅感受到了中国的快速发展，更喜欢上了中国的人文。“我要到中国企业工作，认识更多的中国朋友。”叶甫盖尼曾在毕业采访时这样说。

在项目面临人员不足等困难的时候，叶甫盖尼主动担起项目的翻译工作，在完成分内工作的同时，利用休息时间学习工程知识，主动向中方管理人员请教，补充自己在专业上的短板。他在一周时间内完成机电图纸的相关翻译，顺利助力项目渡过难关。“现在想想当时的日子，仍旧很激动，我们的友谊也在那段日子中得到了升华。我拥有全世界最聪明、最勤劳的同事，很高兴能够在这里工作。”

在叶甫盖尼32岁生日当天，项目同事一起为他庆祝生日。“这里就像我的家，每位同事都待我像家人。我们一起工作，一起品尝中国美食，一起讨论问题。我希望在工作期间能找到自己的另一半，更希望她是位中国女孩！”叶甫盖尼说。

作者 | 中建一局　品萱

点亮马尔代夫百姓的“安居梦”

当人们说起马尔代夫，总会自然而然地想到度假胜地，但对于世代居住在马尔代夫大马累地区的人们来说，这并不是马尔代夫的全部：马尔代夫全国人口37.9万人，首都马累面积仅1.96平方公里，却居住了23.4万居民，堪称世界上最拥挤的首都，“住房难”一度成为马尔代夫政府亟待解决的民生问题。

为满足首都马累和周边地区现有及未来的住房、工业和商业发展需求，马尔代夫政府2014至2017年间计划建设一批社会住房项目，7000套社会住房项目由此而来。该项目由中国建筑承建，是“一带一路”倡议提出以来中国企业在马尔代夫承接的最大的房建工程，旨在为马尔代夫人口密集的首都马累和附近地区近3.5万居民创造更好的生活条件，对促进马尔代夫经济建设、加快“一带一路”发展有着重要意义。

▲ 马尔代夫7000套社会住房项目

7000套社会住房项目承载着马尔代夫人民世代安居梦想，造福了马尔代夫民生，推动了胡鲁马累新城经济发展，更为中马两国交往史留下了浓墨重彩的一笔。

攻坚克难 建设马尔代夫最大保障房项目

马尔代夫7000套社会住房项目位于胡鲁马累二期岛，总建筑面积46.8万平方米，是马尔代夫迄今为止最大的社会保障房项目。

由于马尔代夫地处热带，劳动力、建筑资源匮乏，项目建设面临着高温天气、资源短缺等挑战。为克服这些挑战，项目团队采取中国工长带班制，工长主抓质量，确保了项目经济、安全、高效、保质地进行；积极协调国内供应商、船舶公司和项目现场，搭建临时码头，确保物资在第一时间运送至施工现场并投入使用；克服高温、高盐、高湿、高紫外线的自然环境，有序高效地组织项目现场施工生产，最终提前完工并交付业主。

项目业主方马尔代夫住房发展公司时任总经理阿瑟夫表示，项目实施过程中，中国建筑动员迅速、现场施工组织有序、沟通机制顺畅，展现出了在建筑领域的专业性。作为业主单位负责管理项目的马方项目经理、马尔代夫人瓦吉赫高度评价了中国建筑的施工速度和施工质量，并表示："我一直坚信中国建筑能克服困难完美交付，事实也确实如此。"

品质履约 创造马尔代夫七项纪录

为建设好马尔代夫全国瞩目的首个大型房建工程，项目团队始终坚持高标准施工，工程主体结构、装饰装修、水电安装等严格按照施工图纸及合同规范进行，全部施工过程都得到当地质检机构的认可。由于突出的建设品质，项目荣获2020—2021年度中国建设工程鲁班奖（境外工程）。

为满足马尔代夫作为旅游国家对环保的高要求，项目团队在节能环保方面下足了功夫，工程材料、设备等均选用优质产品，并采用了海砂制砖、海水淡化、免抹灰等环保措施，满足了当地的环境监测标准。团队精心编制质量策划、施工组织设计、作业指导书等质量保证措施，推行技术先行、样板引路的原则，狠抓原材料和隐蔽工程验收、工序过程质量控制、现场取样检测、实测实量，保证分部工程一次验收合格，质量工作做真做实，有效支撑项目高质量履约。

项目团队应用了《建筑业10项新技术（2017）》中的7大项20子项，研发珊瑚礁地质下"CFG桩+后注浆技术"、建筑工程内墙装修免抹灰系统施工技术等多项前沿性施工技术，切实做到了科技与项目建设相结合，有力提升了项目履约的支撑保障能力，创造了马尔代夫国家建筑史上七项"首个"：首个应用"CFG桩+后注浆技术"复合地基基础的项目，首次实现三天一层楼建设速度的项目，首个采用铝模施工工艺的项目，首个同时采用全钢轻型提升脚手架、半钢提升脚手架的项目，首个推行平面布置标准化的项目，首个大批量采用海沙自制砖的项目，首个成规模大面积基坑开挖的项目。

"建"证幸福 助力实现百姓安居梦

马尔代夫7000套社会住房项目不仅缓解了首都马累的居住压力，还为马尔代夫百姓提供了更好的生活居住与休闲环境，带动周边地区商业、文旅、经济等蓬勃发展，帮助马尔代夫民众通向梦想的幸福社区。目前，该项目的入住率达到了100%。

萨伊德是马尔代夫海关的一名工作人员，过去当地房

▲ 马尔代夫7000套社会住房项目施工阶段航拍

源紧张，46岁的他一直只能在马累租房。现在，他与妻子和女儿搬进7000套社会住房项目的新居已经几年了，他感慨地说：“现在住在这里，每月租金减少了近四成，居住空间却从一卧变成了两室一厅一厨两卫，上班通勤时间还从25分钟缩短到了10分钟。”

在马尔代夫从事服装设计工作的乌艾斯说：“对所有渴望安居乐业的马尔代夫人民来说，这无疑是我们通往幸福的桥梁。新房子不仅造型时尚，更极大地改善了居住环境。”乔西斯玛是在马尔代夫胡鲁马累二期岛工作的一名厨师，谈起自己的新居，他开心地说道：“以前我在工作路上需要花费四十多分钟的车程，但现在只需要不到十分钟，这让我有了更多陪家人的时间，我感到特别开心。”

从天空俯瞰，16栋楼犹如道道彩带卧在碧波之上，高楼与海水互相呼应，远处小船犹如一颗颗珍珠点缀在海中。7000套社会住房项目承载着马尔代夫人民世代安居梦想，造福了马尔代夫民生，推动了胡鲁马累新城经济发展，更为中马两国交往史留下了浓墨重彩的一笔。

作者 | 中建国际　樊涛、金克婷

中资企业为马来西亚青年搭建成长平台

在马来西亚南部柔佛州新山市，一座由中建三局马来西亚公司承建的现代化数据中心——万国数据中心正拔地而起。负责现场施工技术的马来西亚华人工程师张贻龙近日在接受记者采访时说，该项目已成为他加速实现职业理想的平台。“项目已经是我第二个家了，看着项目从无到有，我心里特别有成就感。”

26岁的张贻龙至今还记得，2019年自己刚入职中建三局马来西亚公司就被派往位于新山的房建项目担任技术员的那段难忘经历。

“虽然我本科学的是工程管理，但当时刚刚毕业，对施工现场，特别是许多一线使用的技术软件并不熟悉，心里很是忐忑。”他说：“不过，中国同事给了我很大帮助，鼓励我不要怕犯错，大胆去干。”

做施工计划、协调业主和施工队伍、调整施工图纸……几年间，张贻龙从一个毫无现场施工经验的“小白”迅速成长起来，现在同时负责包括数据中心在内的两个项目的现场技术工作，管理着一个4人小团队。

“我的工作就是和各方协调确认技术细节，保证施工

▲ 万国数据中心项目

"项目已经是我第二个家了，看着项目从无到有，我心里特别有成就感。"

▲ 张贻龙在工作

▲ 张贻龙（左）在万国数据中心项目现场指挥清理道路

图纸没有问题，推进施工顺利开展。"他说。

在万国数据中心项目经理黄光强眼中，张贻龙踏实勤奋、聪明好学。"很多东西教一遍就能学会，敢于踏出'舒适圈'挑战自己，进步很快。"黄光强说，有像张贻龙这样的马来西亚同事，是公司很多业务得以在当地顺利开展的重要原因。

中建三局马来西亚公司总经理吴磊介绍说，公司自2013年成立以来，建设了多个标志性项目，包括马六甲的文化地标"又见马六甲"剧院和马来西亚电子商务领域最大的物流基础设施项目——菜鸟吉隆坡数字物流中枢（eHub），而且这两个项目均获评中国建设工程鲁班奖（境外工程）。

"作为积极践行'一带一路'倡议的中资企业，我们不仅在当地建设优质工程，还致力于搭建国际化的人才培养平台，"吴磊说，"我们主要的400多名员工中，外籍员工占一半以上，平均年龄三十多岁，绝大多数在马来西亚当地招聘培养，其中也不乏来自叙利亚、巴勒斯坦等多国的技术人才。"

张贻龙对记者说，大学临近毕业找工作的时候，他就瞄准了在马中资企业。"我是柔佛州土生土长的二代华人，虽然还没去过中国，但我手机里装满了抖音、微信等各种中国软件，看的是中国的电视节目。能在中资企业工作并参与'一带一路'建设，特别是能回到柔佛州建设家乡，这是很奇妙的缘分。"

三年多来，虽然大部分时间都在项目上，但中资企业丰富灵活的培训让张贻龙和同事们并没有被局限在工地的小圈子。

"中国专家提供的远程培训和马来西亚公司提供的培训内容非常丰富，不仅有和一线建设息息相关的技术类培训，也涵盖了工程管理最新的方式方法。"张贻龙说，有一些培训内容可能暂时还用不上，但他相信这对自己未来的成长很重要。

在中资企业工作对张贻龙来说还有一层特殊的意义。"我希望能够成为中国同事和马来西亚同事之间沟通的桥梁，让马来西亚同事更好地了解中国。"张贻龙说，"已经有马来西亚同事在公司担任项目经理，挑起大梁。我希望自己也能不断进步，为国家建设尽一份力，实现自己的职业理想。"

作者 | 新华社　毛鹏飞
中建三局　高炳南

筑梦“一带一路”
一名建筑人的海外十年

2010年，毕业于清华大学建筑环境与设备工程专业的张一擎选择加入中建一局建设发展公司，从此开启了他的蓝海之旅，成为了一名奋斗在海外的建设先锋。从美丽的巴哈马海岛，到尼罗河畔的埃及沙漠，张一擎始终征战蓝海，为推进“一带一路”建设作贡献，向世界持续展现中国建造水平和中国工匠技艺。

抉择——征战海外

有这样一片海，五彩斑斓的海面上有着数千座岛屿，那里便是加勒比海。有这样一群中建人，他们日复一日在异国他乡探索与建设，他们便是中建海外人。

2011年，一支来自中国建筑的队伍把对祖国和家人的思念装入了鼓鼓的行囊中，踏上了巴哈马的土地，在这个美丽又陌生的国度开辟出全新的天地。这就是巴哈马大型海岛度假村，张一擎就是参与建设的其中一员。

巴哈马大型海岛度假村项目是当时西半球最大的海岛度假村，也是当时中国企业在海外承建的最大房建项目。张一擎刚入职时，中建一局建设发展公司正在组建巴哈马大型海岛度假村项目的履约团队，勇于挑战困难的他，意识到巴哈马项目的空前难度，跟公司领导说：“干建筑施工，就要干别人干不了的。”他主动请缨申请加入巴哈马项目履约团队。刚毕业就选择征战海外，选择难度极大的项目，这是张一擎“不走寻常路”的起点，也是对他专业能力和技术考验的开始。

历练——华丽转身

作为一个以旅游业为主的岛国，巴哈马面积较小，资源匮乏，工程物资紧缺，采购和物流成了项目团队面临的

▲ 张一擎（右一）与属地员工探讨埃及新行政首都CBD项目P4标段建造图纸

首要问题。

2011年6月，初到巴哈马的张一擎因为英语水平相较其他同事更高，便被项目部安排负责机电物资采购。对于他来说，由于对当地各类资源并不了解，采购无疑是一个极其重要且富有挑战性的岗位。他负责采购的工程物资小到螺丝钉，大到空调机组、制冷机组等，种类繁多。为此，他统筹计划、合理安排、勇于创新，利用在学校时积累的计算机软件知识，通过自己的勤奋钻研，建立项目物资跟踪软件数据库，让项目的技术员们都佩服不已。

巴哈马大型海岛度假村项目的机电物资大多都需符合美国标准，无法从国内海运，即使部分物资能够从国内海运到巴哈马，但时间太长，风险管控难度太大，稍有延迟便将影响项目的施工进度。面对这一难题，张一擎没有安于现状，而是积极采取措施，主动出击，通过各种途径寻求解决方案，挖掘美国市场资源，在工作中平均每天的询价、下单等往来邮件达到百余条。

从美丽的巴哈马海岛，到尼罗河畔的埃及沙漠，张一擎是一名“一带一路”建设者，也是“中国建造”和“工匠精神”的传播者。

选择海外就是选择了一种生活。张一擎每天清晨都会在宿舍的阳台用相机拍下项目施工过程照片，记录项目的点点滴滴。他说：“将来项目完美履约后，要将过程制作成视频，因为这是我们共同奋斗的成果。”2013年，在项目机电大干的时候，因为很多空调机组、风机盘管和水泵等是由张一擎负责采购，为保证设备如期下单、到场，他一年多都没有回去休假，甚至婚纱照都是在巴哈马找同事帮忙拍摄的。

功夫不负有心人。在巴哈马项目工作过程中，张一擎的付出不仅为项目的顺利履约作出了贡献，也使他对海外项目采购环节和海外工程管理有了深入的了解。

▲ 埃及新行政首都CBD项目P4标段

▲ 巴哈马大型海岛度假村项目航拍图

敢为——成就精品

2017年底，张一擎被任命为埃及新行政首都CBD项目P4标段项目经理。他再次迈出国门，带队赴埃建设这项中国建筑在非洲承接的最大工程。

埃及新行政首都CBD项目的岩层分布不均，岩石层及土质层层叠交错，大块岩层的深度自西向东逐渐加深，给桩基的设计带来了巨大挑战。如果按照埃及当地规范，采用嵌岩桩施工，桩基长度将超过50米。但在埃及市场，能够实现钻孔50米的旋挖设备凤毛麟角，若采用这一方案，设备短缺将对项目后续施工进度带来极大影响。为此，张一擎带领技术团队大胆在项目中推行后注浆法桩基施工方案，由此能够将所有桩基长度缩短到40米以内，不仅加快了桩基施工进度，同时也很大程度节约了成本。

在施工过程中，项目团队发现地下土质以淤泥质土为主，难以按照中国的技术要求将所有水泥浆全部注到桩基中。项目团队因地制宜，通过与DAR团队的沟通协作，最终计算出符合埃及国家标准、符合CBD项目土质要求以及CBD项目建筑群承载力要求的注浆量及注浆压力，后注浆法因此得以在整个CBD项目推行使用。在项目团队共同努力下，埃及新行政首都CBD项目双子星稳固矗立，塔楼连廊顺利提升，让双子星完成“空中牵手”。

现在，张一擎任中建一局建设发展公司党委副书记、总经理，负责埃及、伊拉克市场项目策划实施和海外重点项目履约管理，协助公司市场营销工作。新赛道新征程，张一擎又开启了他征战蓝海的崭新生涯。

作者 | 中建一局　袁婷

▲卢润燕一家四口

海外蔷薇的二十六载中建情

“我的母亲一直是我的榜样，她是越南发展的建设者，同时也是见证者。我为我的母亲骄傲，我相信将来，我的母亲也会因我而骄傲……”中建二局越南籍员工卢润燕读着小儿子用中文写的作文，脸上满是欣慰和骄傲。和中国建筑26年的不解之缘，不仅让她深深爱上中国、爱上建设事业，也将这份深厚情感传递到孩子心中。

“很幸运，我的职业生涯从这里开始”

1997年，22岁的卢润燕加入中国建筑，被分配到越南胡志明市顺桥广场项目，兼管多个项目的出纳工作。当时的工资还是以现金形式发放，为了保证按时发工资，她需要取出现金后在项目会议室清点分装，然后和司机一起拖着行李箱挨个项目跑。当被问到携带这么多现金到处走怕不怕时，她说：“顾不上想怕不怕，只想着及时把工资发到同事们手中。”

除了出纳，她还要兼顾现场翻译工作。“我很喜欢翻译，参与其中我能学到很多不一样的东西。印象最深刻的是一次现场检查，我被临时抽调去翻译。当时项目主体结构即将封顶，检查组在楼顶检查，由于还没装电梯，我只能硬着头皮爬上30多层。当时从楼上往下看，楼下行驶的摩托车像搬家的蚂蚁一样排成队。检查结束后，我的腿都不听使唤了，一直在抖。”

一次，项目部一批从中国采购的物资已经运送到海关，需要及时提货，但负责物资工作的同事即将出国，关键时刻卢润燕主动请缨。“那时海关新旧政策更迭，必须尽快提货，否则就要产生一大笔额外费用。”虽然以前没有做过相关工作，但是敢闯敢拼的卢润燕边学边干，最终赶在新政策出来之前成功提货。“这件事之后，大家都对我刮目相看。”在她爽朗的笑声中，自豪之情溢于言表。

随着“一带一路”建设的不断深入，企业的国际化管理程度越来越高，良好的职业前景、贴心的人文关怀，像磁石一般吸引了许多外籍员工愿意加入中建大家庭。而作为与企业共同成长的老员工，卢润燕总会帮助大家快速融入企业环境，找准职业发展方向。她说：“很幸运，我的职业生涯从这里开始。”

“我很感激公司多年的栽培，在这里，我看到人生的无限可能。中建人的身份，是我一辈子的幸运。”

“这里让我看到人生的无限可能”

近年来，为了培养更多海外人才，中建二局多次组织越南籍项目工程师到中国进行观摩学习，卢润燕作为随团翻译也参与到观摩中。在492米高的上海环球金融中心脚下，她真真切切地感受到同事对她说过的“中国高度”。她激动地抓着同伴的肩膀：“之前以为30多层的楼房就已经很高了，到这里才知道，原来摩天大楼真的能直插到云里！真期待我的祖国也能早日高楼林立！”

回到越南后，卢润燕更加坚定了努力工作、建设家乡的信念。这么多年来，她从不局限于某一个岗位，做过出纳、翻译、物资管理，从普通职员做到高级经理。普通话、重庆话、粤语、越南语样样精通的她，还与时俱进地计划学英语。她勇于突破、认真负责的态度得到了领导和同事的一致认可，很多曾在越南工作过的同事，再回来都能一眼就认出卢润燕。“我很感激公司多年的栽培，在这里，我看到人生的无限可能。中建人的身份，是我一辈子的幸运。”

▲卢润燕（右一）与同事讨论工作

“这里有舞台，也有家”

性格豪爽的卢润燕也有心细如发的一面，她早已把自己和中方员工的日常生活紧密地联系在一起。“企业给了我实现自身价值的舞台，我把这里也当成自己的家，中国同事们都是我亲爱的家人。”她说。

一次宿舍例行检查，她发现一位发烧蜷缩在床的同事，立即将其送去就医。事后医生说：“还好你们来得及时，不然后果不堪设想。”有同事因病需要做手术，但是没有家人在身边，卢润燕就连续熬夜4天，一直在医院忙前忙后。新冠肺炎疫情突发时，胡志明市全面封控，她帮着几十个中方员工购买生活物资。得知大家很久都没有理发了，她还想方设法联系熟悉的理发师，“把自己收拾得清清爽爽，整个人的精气神会很不一样。”

顺桥广场项目接近尾声时，卢润燕还为6对新人操持婚礼，顺桥因此还被亲切地称为“鹊桥”。越来越了解中国、热爱中国的她，也选择了和一位中国小伙组建家庭，并有了两个帅气的儿子。目前大儿子和丈夫在重庆，她和小儿子在越南。“我们一家人有三年没团聚了，所以更加知道中方同事的不容易，总希望可以为他们多做一点事。”那一瞬间，她的眼底泛起泪花。

在日常工作之余，卢润燕兴趣广泛，爱跳舞、爱插花、爱旅行，“我希望经常去中国看看，深入了解中国的历史文化，打卡我们中国建筑打造的一座座地标性建筑，那是作为一名中建人的荣耀”。

作者｜中建二局　罗小莉

▲ 柬埔寨新金边国际机场效果图

奋斗在中资企业的外籍小哥

在气候炎热湿润的柬埔寨首都金边，该国最大的工程新金边国际机场正在紧张建设中。自2020年初开工以来，中建三局一公司顶住疫情压力持续推进施工，终于在2022年1月顺利实现项目封顶。30岁的柬埔寨结构工程师洪志坚作为项目团队的“枢纽”一员，也在其中发挥了重要作用。对于自己的角色，洪志坚非常自豪，他坦言：“能在柬埔寨的重点工程建设中担任关键岗位，我倍感自豪。”

为建设祖国 他来到中国学习土木工程

2010年，备考四载的洪志坚在柬埔寨国家统考中取得全国第八名的好成绩，如愿获得中国政府奖学金来到中国留学。“志坚”是他为自己取的中文名，这也是他性格的写照。在中国留学这几年，洪志坚并未加入为外国留学生专门设置的“国际班”，而是挑战和中国学生接受同样的课程与考试，最终顺利拿到硕士学位。

毕业之后他听从导师的建议，加入了中国建筑，成为中建三局的一名工程师。最开始的两年，他在越南工作，主要负责方案编写、文件翻译、设计管理、图纸检查以及对接外部顾问等工作。

当听到公司承接了柬埔寨新金边国际机场工程时，洪志坚内心非常激动，马上主动向公司提出申请，成为项目团队的成员之一。新金边国际机场项目占地面积2600公顷，建筑面积21.4万平方米，是柬埔寨首座全球最高等级的4F机场。“能够参与如此大规模的机场项目，是一次非常难得的机会，并且这也是柬埔寨的重点工程，能为自己的祖国建设贡献一份力量，这也正是我当初来中国学习的初心！”

通晓三国语言 他是不可或缺的“多面手”

作为柬埔寨目前规模最大的基础设施项目，新金边国际机场工程共有包含中方120名管理人员在内的1280余名人员奋战在施工现场，不同的文化、语言、建筑理念等在此交汇碰撞。在这种复杂的情况下，通晓汉语、英语、高棉语三种语言，并曾在中国同济大学、西南交通大学和哈尔滨工业大学三所重点高校接受了8年土木工程和结构工程专业教育的洪志坚便成为了项目与外部沟通的一条“纽带”。

新冠肺炎疫情期间，项目管理人员短缺，洪志坚要一人负责检查及发放图纸、管理台账、分派任务、与顾问和业主协调、对内对外翻译等多项工作，任务繁重，但他乐于挑战自己。他坦言，在这个过程中，他可以进一步学习中国的建筑理念和技术，与中国、马来西亚、菲律宾的国际化团队并肩奋战，对接韩国、印度、法国等国的顾问。大家相互学习讨论，研究用中国模式开展总承包管理，协

“我见证了新金边国际机场从打桩到完成主体结构建设的全过程，心中充满了成就感和自豪感。希望我的儿女能够在这座机场骄傲地告诉身边的人：这是我父亲的作品！”

▲ 洪志坚

▲ 洪志坚（左）指导同事开展BIM工作

调各个部门解决问题。“从顾问和业主的角度，我可以学习如何有效地跟踪总承包工作，理顺掌控大量信息。在这一过程中，我的管理能力、沟通技巧和工作技巧都有较大提升。”

感恩职业经历 他说自己从中国人身上学到很多

洪志坚说，自己从中国同事身上学到许多。作为海外大工程，新金边国际机场的设计建造标准都非常高。项目员工都在勤奋学习，有时为了攻克一项难题，很多人不惜多日熬夜到凌晨两三点钟。大家的勤奋与努力，让洪志坚深受感动和鼓舞。“为了建设好我的祖国，大家就像兄弟一样，共同克服遇到的难题，一起努力实现最终的目标。”因其在项目建设过程中勇于接受挑战，不仅提升了自身的能力，更为企业作出了重要贡献，洪志坚获评“中建三局2020年先进个人”和“新金边国际机场项目2021年优秀员工”称号。

洪志坚说，他很感谢那段在中国的学习时光，也感谢公司给了他在多个国家工作的机会，让他更具国际视野。“如今在新金边国际机场，我见证了项目从打桩到完成主体结构建设的全过程，回忆起过程中的点点滴滴，我心中充满了成就感和自豪感。希望我的儿女能够在这座机场骄傲地告诉身边的人：这是我父亲的作品！”

虽然在中国学习了8年专业课程，并且已经有4年工作经验，但洪志坚还是觉得自己专业上仍有很多不足之处，业务能力需要进一步提升。他希望自己的经历能够激励更多的柬埔寨学生出国留学，尤其是去中国接受教育，用自己的所学回报祖国、回报社会，也希望中国和柬埔寨都能变得越来越好！

作者 | 中建三局　刘宇太

“老帕”的中建情

Parthiban Ponusamy，马来西亚国籍印度裔，2014年加入中国建筑，现任中国建筑马来西亚公司安全总监。Parthiban的中文音译是“帕西本”，许多中国员工就称呼他为“老帕”，这与中国人给世界著名男高音歌唱家帕瓦罗蒂的昵称是一样的，老帕知道后很喜欢。

缘起“一带一路”

老帕与中国建筑的缘分，用中国古话说是“天时、地利、人和”造就的。2013年9月，中国提出了“一带一路”倡议，与此同期，中国建筑马来西亚有限公司在吉隆坡正

▲ 老帕（左五）与同事

9年同向共行，如今的老帕已经深深融入中国建筑的企业文化。2023年春节，在中建八局马来西亚团拜会上，老帕现场脱口而出："Saya Suka CSCEC，我爱中建！"

式挂牌成立。公司在成立之初，就接连承接了美蒂尼公寓、新山第一高楼ASTAKA公寓等地标性项目。正当大家信心十足地准备大干一场的时候，国内安全质量体系在马来西亚却表现出了"水土不服"，马来西亚采取的是英联邦的安全质量标准，国内标准很难完全套用。这时，为中国建筑量身打造一套适应大马的安全管理体系就迫在眉睫。

一次偶然的机会，公司领导接触到了老帕的简历，这个在多家国际著名公司有着丰富安全管理经验的工程师给他们留下了深刻的印象。找来老帕后，向他介绍了中国建筑的基本情况，表明中建未来将在吉隆坡设立办事机构，专注在马业务拓展，也将目前中建在马来西亚遇到的困难坦诚相告，希望老帕能够加入企业。经过一段时间的接触后，老帕欣然赴约。

起初，由于文化和交流上的差异，老帕与中方员工之间闹了不少小误会。老帕说："中方管理人员会向我请教问题，每次我很耐心地向他们解答后，他们总喜欢回答我'I know，I know'，这一度让我感到非常不被尊重。我不理解，你们总喜欢说'我知道'，可你们既然都知道了，那为什么还要来问我呢？"这样的误会也让中方管理人员感到哭笑不得，与老帕的理解恰恰相反，他们想表达的其实是"I understand"，也就是"我明白你的意思了"。好在大家都愿意去耐心沟通，中方员工的语言水平在不断进步，招聘的属地员工也越来越多，老帕也更加坚定了自己的选择。

经过9年的朝夕相处，如今的老帕已经深深融入中国建筑的企业文化，以"令行禁止 使命必达"的标准来要求自己，为中国建筑"拓展幸福空间"的使命担当而感到自豪，甚至能够代表中国建筑在当地大学授课宣讲。2023年春节，在中建八局马来西亚团拜会上，老帕现场脱口而出："Saya Suka CSCEC,我爱中建！"

"我为我的公司努力"

对于中国建筑，老帕认为这是他家庭的一部分。"我总是这样告诉自己，这是我的公司，我当然要为它努力工作，多去想我能给公司带来什么。"2015年开始，中国建筑马来西亚公司中标马星Lakeville高层公寓、9 Seputeh公寓等一大批高端房建项目。2016年初，公司又中标了中资企业在海外建设的第一高楼——吉隆坡标志塔项目，快速发展的业务、混杂的安全标准和语言文化差异给项目安全质量管理带来了巨大压力。面对这些问题，老帕和中方安全管理人员把国际标准、马来标准、英联邦标准和中国标准等摊在台面上，不厌其烦地一条条详细比对，最终按照"就高不就低"的原则，也就是谁的标准更高就按照谁的标准去执行，搭建了中国建筑马来西亚安全管理体系。

新冠疫情期间，老帕时常奔走于工地现场和马来西亚建筑行业管理局之间，帮助项目落实标准作业程序、安抚外籍劳务、联系疫苗接种、申请外籍劳务引进并开展安全培训等。在老帕和安全部门的共同努力下，中国建筑马来西亚公司平稳度过了疫情艰难时期。成立10年来，中国建筑马来西亚公司在马印地区累计承接项目58个，施工面积超过625万平方米，圆满实现"双零"目标，累计荣获4项ISA国际安全大奖和35项马来西亚安全与质量金奖，在当地建筑安全领域树立了标杆。沉甸甸的荣誉背后，离不开老帕和他的团队辛勤的汗水和付出。

2023年3月，老帕作为优秀外籍员工代表去上海参加了中建八局第六次海外工作会，站在领奖台上他激动万分："公司给了我太多信任与认可，我认为自己做得还不够多，希望之后能为公司做更多事情、解决更多问题。"

▲ 老帕（后排左三）参加“中国行”活动

▲ 老帕（左一）和同事领取马来西亚第四十届职业安全与健康协会（MSOSH）金一级奖

▲ 老帕（右四）被中建八局授予“外籍优秀员工”称号

▲ 老帕（右三）参观中建八局总部

“建证”幸福生活

9年同向共行，老帕对在中建大家庭工作心怀感恩、对互帮互助的同事们心存感激。老帕的妻子是一名建筑学教授，目前为森美兰州政府工作，同处建筑行业给这对伉俪奠定了深厚的感情基础。谈及妻子，老帕的眼神里满是骄傲与感激，“在我很穷困的时候，我的妻子一直在我的身边鼓励我，她始终相信我可以获得成功。”在妻子的鼓励下，老帕从一名安全工程师逐步成长为中国建筑马来西亚公司的安全总监，老帕的妻子由衷为老帕的事业感到骄傲。

结婚多年来，夫妻俩一直保持着新婚般的甜蜜，每到一个地方，老帕都会给妻子打视频电话分享自己的所见所闻，向正在身边的朋友同事介绍自己美丽的妻子。老帕和他的妻子住在森美兰州芙蓉市，为了每天都能和家人团聚，老帕每天都会驱车往返于吉隆坡和芙蓉市，一年下来的里程足足能绕赤道一周。对此老帕丝毫不感觉疲惫，他说：“我想保持好工作和家庭之间的平衡，因为生活才是工作的意义，如果破坏了这种平衡，那么工作就会很难有效率。”

谈及未来，老帕有许多期待，“希望公司的发展越来越好，希望自己能够继续为公司的安全发展作更多的贡献，和公司一起迈向新的阶段”，“希望中建的中方同事和伙伴们在马来西亚能够健康、开心”，“希望未来能够有机会带着妻子一起去一次中国，看看中国的发展和美景”。

作者 | 中建八局　王阜阳

▲ 郭璟毅画笔下的中非友谊

我的爸爸在非洲

我叫郭璟毅。我正在画我的爸爸，爸爸是盖房子的人。我还没出生时，他就在遥远的国家盖房子了。听爸爸说，他和叔叔阿姨们在非洲，跟我们有七个小时时差，我们隔着很大的海洋和陆地。非洲特别热，比我们的“火炉”武汉还热。爸爸为什么要去那么热的地方盖房子呢?我打算和爸爸视频的时候问问他。爸爸那里还是蓝蓝的天，他给我看了他在盖的高高的楼，比我们家住的30楼还高两倍多！他们在非洲盖的房子越多，那边能够住进楼房的人就越多，是不是很有意义的事呢?

这当然是很有意义的事，可是我平时上幼儿园也会放假呀，爸爸在非洲好几年啦，他什么时候才能回来休息休息，看看我呢? 爸爸说他很想我，但是盖房子这件事不是所有人都能做好的。像他们在建的这座高楼，是他和叔叔阿姨们一起发明了一种坚固的材料，在四五十摄氏度的高温下都不会变形，才能用一只很长很长的“手臂”，送土“上天”。这是很多其他国家都做不到的事，所以非洲需要爸爸和他的同事们，还有很多很重要的工程也需要他们。

我想这就是大人吧！他们好像无所不能、无坚不摧，不像我们小孩子，只用学习。

爸爸跟我说他和他的同事在非洲又干了很多大事，他还给我发了他去这些地方“打卡”的照片，有阿尔及利亚建设等级最高的公路、有北非地区的航空枢纽，还有好多好多的楼房。我还在爸爸的照片里看到了很多不同肤色的叔叔阿姨，爸爸说他们是团结在一起“筑造幸福”的人，他们都笑得好开心呀！好想看看叔叔阿姨们是怎么建起这么多厉害的大工程的。

▲ 郭璟毅画笔下的爸爸

今天不给爸爸打电话了，因为——爸爸回家啦！

爸爸说今天要带我去个好地方，可以看到他们的“秘密武器”！我看到了好多厉害的“巨无霸”，有在地下挖洞的盾构机，三天建成一层楼的空中造楼机……原来不仅在非洲，在世界的很多其他地方，中国建筑的叔叔阿姨们用这些大家伙，还有先进的技术，像变魔术一样，架起了世界上最长的跨海大桥，全亚洲最大的高铁站，大大的机场，穿越沙漠、草原、沼泽地，能够看到不同风景的长长的公路……这些超级工程，就是祖国的名片，这些名片可以到世界的各个地方去帮助大家，让各个地方的小朋友们拥有更好的生活。我在想，如果用我们厉害的技术去更多的地方修桥、盖房子，是不是世界会变得越来越美好呢?

爸爸妈妈教了我一个词——“人类命运共同体”。我觉得这是特别有意义的事，所以我把这句话画了下来，希望全世界小朋友都一样,有宽敞的房子住、有便利的出行条件可以去世界的任何角落，大家一起快乐地住在“地球村”！

作者 | 中建西部建设员工子女　郭璟毅

建证幸福 美美与共

COMMON HAPPINESS

中国建筑坚持中建视角、国家站位、全球视野，创新开展“建证幸福”跨文化传播专项行动，以企业文化融合推动文明交融互鉴，向外传播可信、可爱、可敬的中国形象。

Renew Rebuild Revive·

Urban Symphonies

对于城市来说，什么是幸福空间？
在这个统一设问下，中国建筑与环球网联合策划“建证城市新生 · 十城记”多语种融媒产品，
聚焦中国建筑在“一带一路”沿线建设的10个重点项目以及通过项目建设助力城市更新的实践，
一期一城一种幸福，共话城市发展的共性问题，
深度展示城市更新和可持续发展的中建故事、中国方案。

唤醒
REVIVE

埃及 · Egypt

开罗，一座比时间更久远的城市
尼罗河见证了一代代埃及人民的生活印记
这一次
它见证了一个新首都的诞生

用更加现代化、更加高效的建设方式
让埃及时隔千年
又一次在人类建筑史上留下亮眼的一笔
新技术是城市日新月异的引擎
应用了“空中造楼机”等高新技术的标志塔
仅用三年就创造了385.8米的非洲新高点
CUC能源中心
在荒漠的炎热天气中
集中处理、合理分配能源资源
用最节省能耗的方式
收获恒定舒适温度空间

新的循环治理理念融入城市生活
新的交通便捷高效
新的休闲空间随处可见
未来这里满目都是绿色
舒适的生活空间、和谐友爱的社区
延续着埃及人民对未来生活的美好憧憬

每一天
数千名中埃员工的汗水和智慧在这里凝聚
共同朝着埃及“2030愿景”更近一步
每一天，这座未来之城的轮廓都更加清晰
新的建造技术
新的发展理念
新的合作共赢
让我们在保留埃及珍贵的文明火种
和温暖的文化记忆的同时
以更快的速度去拥抱梦想中的城市

共荣
COMMENSALISM

新加坡 · Singapore

新加坡是一座花园中的现代城市
包容开放的生活氛围
绿色宜居的生活环境
智慧智能的迷人特质

在武吉坎贝拉体育和社区中心发展项目
一座座造型各异的建筑掩映在植被中
仿佛融入苍翠的林间
中国建筑将绿色理念贯穿于施工全周期

扫码观看视频
《建证城市新生 · 共荣》

让智慧技术融入建筑
实现植物与建筑的完美融合
并在施工期间
多次为保护树木调整施工方案
真正做到人与自然和谐相处

项目将健康城市生活融入自然
覆盖社区各年龄层居民的生活需求
为附近居民提供
健康、便捷、充满活力的社区

什么才是理想的宜居城市
在新加坡武吉坎贝拉项目
生态保护、智慧技术，人居和谐理念
相互充分融合
努力打造能满足大众需要的城市幸福空间
城市在融合中得到发展
建设者用融合实现共荣

安居 SETTLEMENT

沙特阿拉伯 · Saudi Arabia

吉达，红海的新娘
沙特第一大港口和第二大城市
它承载着无数人的梦想
连接着麦加的朝圣之路
这里可以眺望红海远处的天际
也可以见证一个百万人口城市
日复一日的更新脉动

中国建筑承建的吉达公寓项目
是沙特“2030愿景”下的重要民生工程
一期项目包含75栋建筑、45.3万平方米
广厦千万助力更多人收获家的幸福空间
融入当地特色的房屋布局设计
应用沙特当地新型环保轻质迷你墙板材料
使房屋拥有良好的隔音效果
同时兼具抗震、抗风压和外墙保温功能
同为中国建筑承建的塔伊夫保障房项目
建成后也将为5000多人提供安居住宅

面向未来翻新安居的绿洲
用“住有所居”筑梦城市新生
用“住有优居”的细致与考究
描绘城市家园的美好图景
“2030愿景”是一个目标
其中包含打造一个朝气蓬勃的社会
梦想要照进现实
安居乐业方能抓住稳稳的幸福
建证城市新生，愿更多人享受诗意栖居

扫码观看视频
《建证城市新生 · 安居》

行稳致远
STEADY PROGRESS

巴基斯坦 · Pakistan

一条发展的道路
承载着人们脱贫致富的梦想
一条幸福的道路
铺满团聚的喜悦、生活的温暖和对未来的期待

PKM高速公路
是中巴经济走廊最大的交通基础设施项目
是城市新生的见证
是中巴友谊的合作成果
这条路让木尔坦到苏库尔单程时间
从11小时压缩至4小时
科技智慧与公路建设的合作
让每段被照亮的路都诉说着安全与温暖

道路是乡村发展的桥梁
PKM高速公路的建设
带来了新的医院、学校、餐馆
为沿线地区带来勃勃生机
道路将不同村落、不同生活轨迹的人们紧密相连
四通八达的道路促进城市与乡村的合作

这是一条越走越通达、宽广的致富路
PKM项目3.5万人参建
培养了4500余名设备操作人员
2300余名管理和技术人员
梦想与希望交织
让更多人一起拥抱幸福和未来

扫码观看视频
《建证城市新生·行稳致远》

栖心之所
LANDMARK

阿尔及利亚· Algeria

嘉玛大清真寺
世界第三大清真寺
自2012年5月起
历时8年时间
这座崭新的建筑作为地中海沿岸宏伟的地标建筑
成为了阿尔及尔的一张城市名片

大理石雕刻与库法体书法结合
石膏雕刻与苏鲁斯体书法结合
让清真寺建筑风格有了全新视觉诠释
复刻了阿尔及利亚历史文化建筑装饰
被称为非洲西北马格里布建筑装饰艺术的博物馆

扫码观看视频
《建证城市新生·栖心之所》

40万平方米
世界最大室内礼拜大殿
能容纳36000人祈祷
抗震支座和黏滞阻尼器组成的大平面隔震体系
减少约65%的地震影响
265米世界上最高的宣礼塔
多项顶尖科技
确保它在岁月流转中屹立不倒

“一笔一划”把文化的脉络注入建筑
“一砖一瓦”雕刻时间、诉说过往
城市不止要栖身
也要栖心

共享未来
SHARED FUTURE

科威特 · Kuwait

科威特作为连结东西方的重要国际通道
鲜明地融合了现代与传统
古老但不守旧，现代而兼容传统
吸引越来越多的人来到这里
为实现未来的多样可能
科威特大学城项目应运而生

中国建筑建证大学城项目从一张设计蓝图
到矗立于眼前
整个建造的过程
是工业技术与人类智慧的深度对话
大学城在建设时便充分注重使用需求
为实现高精度施工
建设团队运用三维建模等技术
将定位误差控制在5毫米之内

大学城项目目前已总体移交
教学设施可容纳4万名学生
各领域人才正陆续聚集于此
就当下多元学科和议题进行研学对话
人文之美引领社会审美认知
智慧建造满足多样化科研教学需求
国际化现代设施赋予学子广阔的视野格局

科威特大学城助力更多人享受高等教育
城市将聚合更多创意活力
这里是生活新篇章的起点
更多不可思议将在这里变成现实

扫码观看视频
《建证城市新生 · 共享未来》

浮岚暖翠
MISTY GREENS

文莱 · Brunei

淡布隆与文莱本岛隔海相望
建一座连接两岸的桥
是当地人祖祖辈辈共同的心愿

作为文莱历史上最大的基础设施工程
文莱淡布隆跨海大桥全长约30公里
连接文莱穆阿拉区和淡布隆区
原来两地间乘船单程需要两个小时
现在车行大桥只需15分钟

中国建筑承建的CC4标段
穿越原始热带雨林
采用“不落地”工艺
桩基、架梁等作业全部在平台上完成
充分保护雨林中的植被和动物
大桥建成后
带动当地新建商业街、度假酒店等
越来越多的人来到这里
欣赏热带雨林绝美风光

山川与烟火相连
建证了幸福空间的多样美
实现城市绿色可持续发展
打通人居与自然和谐发展新可能
绿色生态得以延续
惬意美好的生活愿景正在逐步实现

扫码观看视频
《建证城市新生·浮岚暖翠》

通途
PATH

科特迪瓦 · Cote d'Ivoire

生活在阿比让四桥附近的居民
过去如果要横跨BANCO湾
必须向北绕行
几乎要花上一整天的时间
而在大桥修通以后
横跨到对岸只需要15分钟
两个小时就能完成之前需要一天的工作

扫码观看视频
《建证城市新生 · 通途》

在施工过程中
BANCO湾的淤泥深度超乎想象
中国建筑的建设者
创造性地使用千斤顶
将钢护筒下放到大海里
在精确定位的基础上让大桥扎根入海底

BANCO湾承载着这座城市的人们对美好生活的向往
每一个城市中的人都可以凭借条条通途
走向自己的"罗马"
城市的跨越式发展需要如何推动
阿比让四桥项目打通新的城市经络
让城市拥抱新的发展机遇
连接出未来的无限可能
互联互通、交流合作
为更多人打通梦想的通途
城市里每个人的梦想心愿得以实现
城市发展逐渐打通幸福生活的通途

希望
HOPE

伊拉克·Iraq

乌尔城
美索不达米亚平原上一座千年古城
也是世界上最早的城市之一
在这座千年古城的边缘
一座现代化国际机场正在拔节生长

正在建设的纳西里耶机场主航站楼
以新的建筑形式重塑乌尔古城原貌
新旧“古城”遥遥对望
是古今文化共建的城市更新

纳西里耶国际机场项目包括新建航站楼
航管楼、货运楼、25公里机场连接线及附属设施
升级改造跑道、停机坪等
规划年客流量75万人次
主航站楼除了乌尔城元素的体现
外立面设计取意两河流域孕育出
茂密的椰枣树林
建成后将成为伊拉克西南部地区的航空中心
区域交通链接的大动脉
前沿工法与建设匠心融合
是技术共建的发展希望

在城市更新过程中
老城给予人们希望的力量
希望又滋养了新城的发展
千年前古丝绸之路驼铃声重新回响
星星之火汇聚，共建着幸福空间的希望

扫码观看主题片
《建证城市新生·希望》

TERNATIONAL AIRPORT

康庄大道
PROSPEROUS AVENUE

刚果（布）· Congo (Brazzaville)

往来于刚果（布）首都布拉柴维尔
与港口城市黑角之间
美丽的景色
热情的人们
这是属于刚果（布）国家1号公路的独特风光

从布拉柴维尔到黑角
过去需要走整整一个星期
自2016年1号公路通车以来
536公里只需7小时
一路尽是坦途
中国建筑的建设者
用3年时间打通马永贝森林
用8年施工总结一批
适合非洲复杂地质条件的技术经验

原始森林、沿海平原、河谷、高原……
1号公路沿途跨越了各种地形
人员和物资能够便捷地流通
漫步在城市中
车辆来来往往
居民和商人们忙碌着
到处洋溢着活力与希望
平坦舒适的道路是幸福的纽带
让城市间的旅途从此一路幽兰芳香

扫码观看视频
《建证城市新生·康庄大道》

BUILDING LIVES.

建筑在说话

SFORMING
IA'S SKYLINES
下的城市之光
THE ROAD
THAT CHANGED LIVES
通向未来的致富路
A CENTER OF
HOPE AND NEW LIFE
希望与新生
A SEA GATE
CONNECTING THE WORLD
连通世界的海上大门

HOUSE
安居梦
ENGINES
OF PROSPERITY
推动发展的新引擎
FRESHER
WATER BETTER LIFE
滤出甘露润万家
博茨瓦纳·马哈拉佩水厂升级项目

THE BRIGHT
PEARL ON THE ROOF OF AFRICA
非洲屋脊上的议事厅
埃塞俄比亚·非盟会议中心
HOME
WITH LOVE
幸福的家
阿尔及利亚·社会保障性住房

小红点上的大苑景

《建筑在说话》新加坡阿卡夫阁景和阿卡夫湖景项目回访

扫码观看视频
《小红点上的大苑景》
（A Big Vision on the Little Red Dot）

A Big Vision on the Little Red Dot

当赤道的暖风吹过这座东南亚的小岛，清晨的阳光在被绿植包围的小区里挥毫泼墨、描金绘彩，花草树木都变得梦幻起来。在新加坡市中心附近的这片公共住宅，不同于大众概念中的政府组屋项目，拥有生机盎然的绿色植物和风景如画的景观屋顶花园，这里就是由中国建筑旗下中建南洋公司承建的阿卡夫阁景和阿卡夫湖景项目。

31年来，中建南洋公司积极响应新加坡的“居者有其屋”计划，为当地建造了超过4万个公共住房单位，这类住房被当地人称为政府组屋，目前约80%的新加坡人居住在政府组屋。

位于比达达利地区的阿卡夫阁景和湖景项目也是政府组屋，这里共有1789个单元，每个单元的设计独具匠心，方便居民可以更灵活地配置房屋布局。阿卡夫阁景面向未来的比达达利公园，该公园目前正在建设中。一旦完工，这个占地10公顷的公园将有一个湖泊、开放的草坪、一条步行道和6公里长的林间小道。

正是这种“生活在花园里”的感觉吸引了热爱自然的王先生一家，并将这里作为他们第一个家的理想地点。吸引他们选择阿卡夫阁景的其他因素是其独特的设计、地理位置和设施之间便捷的连接性。“这里看起来很独特。就像这个地区的一个地标建筑。同时，我们的房子很靠近高速公路，靠近市中心，也有很多还在开发的设施，如学校、托儿所、超市和购物中心。”王先生说。

在搬入新居之前，他们曾与王先生的父母和两个姐妹住在一起。2015年，这对夫妇决定搬走，并申请购买这套备受关注的住所。“我认为我们做出了一个明智的选择。让家人们可以梦想成真，在这里拥有了我们自己的家。”王先生的妻子佘女士补充道，“尽管选号当天人山人海，但我们还是很幸运，成功选到了一个单位。”

新冠肺炎疫情导致当地建筑行业劳动力明显不足，拖延了他们装修新房的时间。她告诉记者，疫情导致他们花费更多的时间寻找室内设计师，但在整个过程中，她得到了中建南洋客户服务中心团队的大力支持和帮助。佘女士说：“我对中建南洋公司的服务非常满意，不仅房屋质量优秀，而且让我们按时入住了新房。入住以来的相关问题都及时得到解决，从来都没有因疫情的影响而怠慢我们，让我们非常感动。这是我们的第一套新房，因为大家的辛苦付出和共同努力，让我们这一代人有了属于自己的家。”

汤寻是MKPL建筑事务所项目经理，该公司是新加坡建屋发展局（HDB）在比达达利地区的设计顾问。“政

BUILDING LIVES.

1 王先生和妻子佘女士一家
2 中国建筑在新加坡积极推动培养当地技术人员

府组屋项目有非常高的标准，虽然建筑本身可能并不复杂，但项目团队必须遵循新加坡建屋发展局的体系，并达到高水准的审计要求。”汤寻解释道。

当被问及他亲历项目建设的感受时，汤寻表示，在项目工作期间，无论施工过程中出现任何问题，如与人力或原材料有关的问题，中建南洋团队都能迅速解决。他认为中建南洋公司是一家非常国际化的公司，不仅高层管理人员为项目提供了有力支持，项目团队也非常有能力，才促成了这个项目的成功履约。项目建设的卓越质量水平也荣获了2021年新加坡建设局“质量之星”奖项。

中建南洋公司董事长钱良忠在接受CGTN采访时表示，新加坡是“一带一路”沿线重要节点国家，在促进东南亚地区的发展中发挥着重要作用。中国建筑致力服务新加坡已有30余年，承建了219项优质工程，荣获当地建筑奖达242项，与新加坡政府机构及各商会建立了牢固的合作关系。未来，中国建筑将继续与新加坡各方携手共进，搭建中新企业间合作桥梁，助力新加坡政府实施“智慧国家”战略，谱写多元未来。

2

天际下的城市之光

《建筑在说话》马来西亚吉隆坡106交易塔建设回访

扫码观看视频
《天际下的城市之光》
（Transforming Malaysia's Skylines）

Transforming Malaysia's Skylines

1

雨后的蓝天万里澄澈，碧空如洗。这里是马来西亚首都吉隆坡的市中心，站在城市的制高点，看地面车辆交织成流，四周高楼林立，其中一座耀眼夺目的摩天大楼高耸入云，湛蓝色的幕墙与广袤苍穹融为一色。这就是马来西亚的标志性建筑——106交易塔。

106交易塔位于吉隆坡敦拉萨国际贸易中心核心区，是一座集金融、商务、购物、办公于一体的多功能写字楼，地上建筑高度为452米，是马来西亚最高的建筑之一，由中国建筑马来西亚有限公司承建。“这是一栋超高层建筑，在新的城市总体发展规划中，将成为吉隆坡新的中央商务区。”106交易塔物业公司总经理帕特里克·霍南介绍说。

整个建筑采用简约明净的现代主义设计风格，主体建筑以1.35°的角度由下往上缩小，仿佛矗立于天地间的“玉簪”。建筑外立面是单元式的隐框玻璃幕墙,幕墙上的冷光涂膜兼顾日照采光和室内温控；顶端塔冠采用起伏的菱形幕墙，如钻石一般在阳光下熠熠生辉。

这座马来超高层“网红”最被当地人熟知的，便是其31个月的建设工期。项目曾以“三天一层，最快两天半一层”的核心筒建设速度，创下“马来西亚第一”。“我们与中国建筑等承包商合作，借助他们在超高层建筑领域的专业知识，让项目能够用短短3年多的时间建成并开放，对于这种规模的建筑来说，是非常了不起的。”帕特里克·霍南说。

如此惊人的速度，背后是世界一流的超高层建造技术。项目利用建筑信息模型、云平台、三维激光扫描、虚拟现实、4D施工模拟等技术，对构件进行虚拟预拼装，现场参照虚拟预拼装开展施工，确保工程一次性验收合格。为满足快速施工需要，项目从中国引进了自研物料顶升平台液压爬模架，结合多卡爬模体系使用，实现爬模分段流水施工，实现变截面核心筒爬模拆改和结构同步施工等关键技术突破，最大程度优化了机械和人工效率。

“我们在106交易塔项目中使用了自爬升平台，这是当地第一例施工过程中塔楼外立面无任何施工设备、无任何后做结构的超高层建筑。”中建马来西亚有限公司相关负

2

BUILDING LIVES.

1 马来西亚吉隆坡106交易塔施工现场
2 中建马来西亚有限公司安全总监帕西本
3 中建马来西亚有限公司副总经理祝珖崴

3

责人介绍到。

建起一栋楼，培养一批人，中国建筑不仅为马来西亚打造了新地标，还就爬模、塔吊顶升等关键技术对当地工人进行培训，推动了当地超高层建造领域的技术人才培养，为员工打造一个开放共享的成长平台。中建马来西亚有限公司安全总监帕西本曾在当地公司担任安全员长达20年，他说："加入中国建筑时，我被任命为高级安全经理，一路走来，我学到很多关于超高层建筑的知识，几年后被任命为安全总监。我很高兴在这里获得了事业成长的机会，也为家人带来更好的生活。"

迄今为止，中国建筑在马来西亚累计建设超过35个项目，其中有一半项目已经竣工交付。"除了应用诸如超高层施工、'智慧工地'等新型建造技术以外，我们还充分依靠属地化的管理团队、分包分供资源来推进项目建设，与当地建设者携手，共同为马来西亚建筑工业化4.0发展做出贡献。"中建马来西亚有限公司总经理吕恩说。

建筑是凝固的艺术，城市就是艺术展览馆。106交易塔俯视着吉隆坡城市的发展和变化，这里不仅是中国建筑"超高层"走出去的缩影，更是中马两国建设者携手打造的美丽天际线。

通向未来的致富路

《建筑在说话》斯里兰卡南部高速延长线项目回访

扫码观看视频
《通向未来的致富路》
(The Road that Changed Lives)

The Road that Changed Lives

1

在斯里兰卡南部省汉班托塔地区的哈斯珀如瓦村，村民GH・古纳拉特纳的轻型货卡被香蕉、南瓜、茄子等各种农副产品填得满满当当。"因为有了这条高速公路，我当天就能把蔬果卖到科伦坡，这条路让我的生活发生了很大变化。"他高兴地说道。

古纳拉特纳提到的高速公路，就是斯里兰卡南部高速延长线，由中国建筑等中资企业承建。项目于2016年1月25日开工，分4个标段，全长96公里，是斯里兰卡第一条E级高速公路，也是目前斯里兰卡最长的高速公路。2020年2月通车以来，这个位于南亚次大陆转口港上的"一带一路"重点项目，通过连接起点马特勒、终点汉班托塔港和机场，显著改善了斯里兰卡当地交通状况，成为提振地区经济、助推民生改善的新引擎。

6年前，古纳拉特纳20岁的儿子因杜尼尔・拉克珊加入中国建筑斯里兰卡分公司的南部高速延长线项目工作。两年后，因杜尼尔靠着工资攒下的积蓄，为父亲古纳拉特纳贷款购买了一辆轻型货车。便捷的交通工具为父亲的生意带来极大便利，凭着踏实肯干，一家人的生活就此改变。

古纳拉特纳一家的经历，只是南部高速延长线项目成千上万受益人的一个缩影。达尼伽马村是位于项目沿线的另一个村庄，在项目修建过程中，村里240多户人家，约有1/4的住户到项目工作。不到两年时间，他们中很多家

2

3

BUILDING LIVES

1 古纳拉特纳到农产品店铺进货
2 中国建筑斯里兰卡分公司员工因杜尼尔・拉克珊
3 古纳拉特纳一家人

庭就有了重修或新建房子的能力，不少人购买了摩托车，更有些人购买了小汽车。

作为斯里兰卡首条E级高速公路，项目建设团队积极引进先进技术和工程理念，为这个印度洋岛国的建造行业带来更长远的积极影响。“在项目采石场，可以远远看到一台‘臂膀’粗壮、近两层楼高的特种设备。这台从中国采购的干式除尘设备，专门用于环境保护，减少施工造成的粉尘污染。”项目监理组长、来自英国的丹尼斯至今对项目采用的节能减排、智能交通等现代化高速公路建造技术记忆犹新。

“我们在设计上做了很多尝试及努力，比如将公路主线最大设计纵坡控制在3%以内、栽种碳汇能力强的植物、推广使用高效节能照明器具等。”丹尼斯说，这些措施让项目更加绿色环保，打造出了环境友好型建造方式。

南部高速延长线的建设，对提升当地建筑工人技能助益良多。“项目的建设带动相关产业就业2万个，我们建立了当地第一个施工技能和安全培训基地，培养了大量的专业技术人才和熟练工人。”中国建筑斯里兰卡分公司副总经理程华强说，“他们已经成为斯里兰卡基础设施建设的重要力量。”

在中斯两国建设者的共同努力下，斯里兰卡南部高速延长线项目提前两个月完工通车，打通了西部、南部交通经济大动脉，大力提升了互联互通水平。2020年2月23日，斯里兰卡总统戈塔巴雅、时任总理马欣达亲自为项目全线通车揭幕。马欣达表示：“中国是斯里兰卡的真诚朋友，为斯里兰卡国家发展提供了巨大支持。”当地百姓已经真切地感受到南部高速延长线为人们生活带来的变化，并亲切地称之为“通向未来的致富路”。

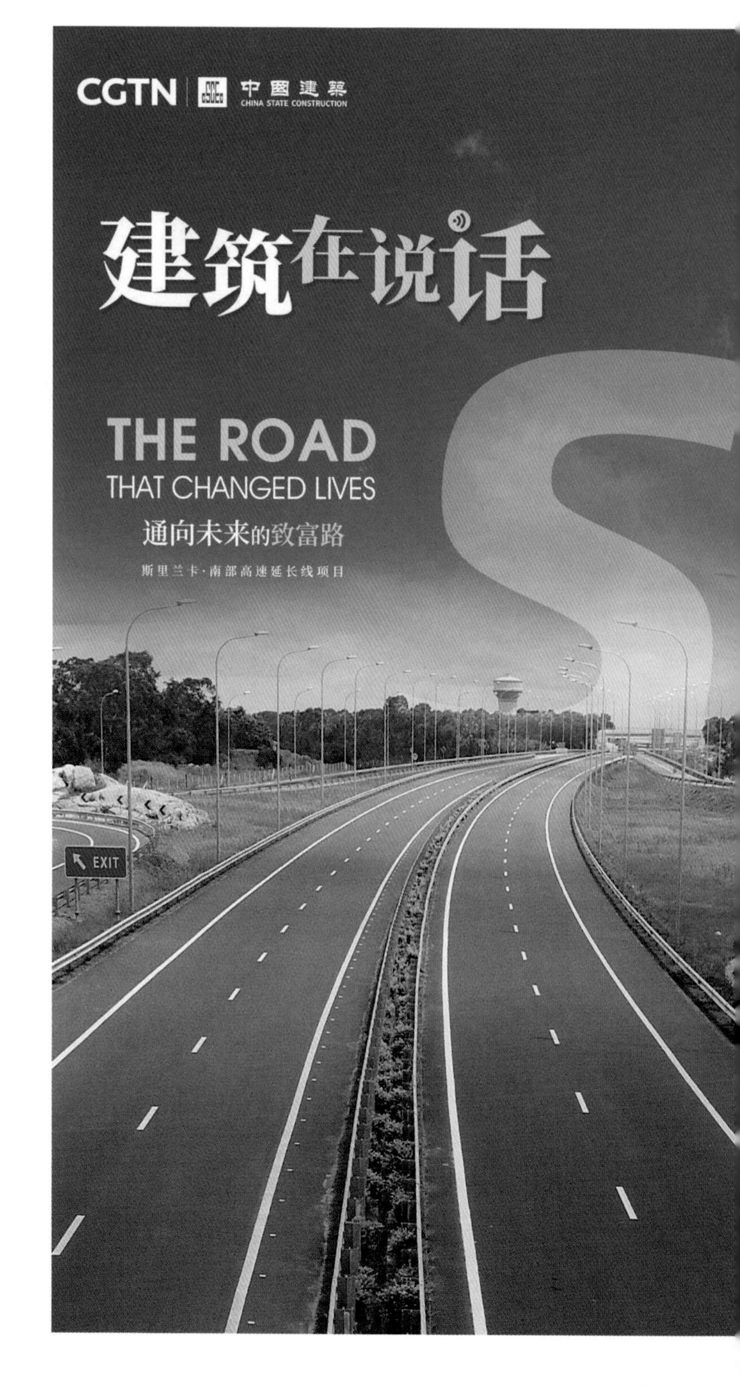

希望与新生

扫码观看视频
《希望与新生》
（A Center of Hope and New Life）

《建筑在说话》菲律宾萨兰加尼戒毒中心项目回访

A Center of Hope and New Life

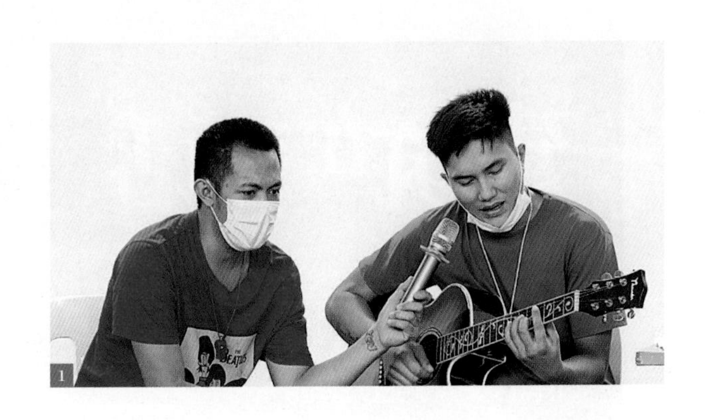
1

碧海蓝天、椰风阵阵，从高空俯瞰菲律宾萨兰加尼湾，菲律宾萨兰加尼戒毒中心静静伫立，与四周美景共同构成一幅和谐美丽的画面。

戒毒中心内，工作人员诺尼·谭正带领患者们进行康复训练。他伴随着轻快音乐，挥舞双手，引导患者们整齐划一地跳着健身操，结束时与大家一一拥抱，每个人脸上都洋溢着开心的笑容。如果不是工作人员介绍，你很难想象诺尼·谭曾经也是一名“瘾君子”。

44岁的诺尼·谭染上了毒品已有二十余年，并曾因为犯罪问题被判入狱两年半。2020年11月，当地法院强制将诺尼·谭送进戒毒中心接受戒毒治疗，戒毒过程无疑是痛苦难熬的，但良好的医疗环境和医生们的悉心照料，帮助他度过了那段艰难的时光。在这里，诺尼·谭不仅戒除了毒瘾，还培养了唱歌、跳舞等爱好，在学习了专业知识后，他决定留在戒毒中心成为一名工作人员，希望通过自己的亲身经历帮助更多人戒毒。诺尼·谭说：“这里太美了！从这里远眺大海，我才意识到生活的意义。”

2016年，国家主席习近平在会见来访的时任菲律宾总统杜特尔特时表示，中方支持菲律宾新政府禁毒、反恐、打击犯罪的努力，愿同菲方开展有关合作。这座被当地人誉为“希望之窗”的戒毒中心，正是中国支持菲律宾禁毒事业的有力举措。2018年12月，中国建筑承建的菲律宾萨兰加尼戒毒中心提前10个月正式移交；不到4个月，中国建筑承建的第二个戒毒中心南阿古桑戒毒中心也实现移交。菲律宾卫生部官员在移交仪式上表示：“戒毒中心的建成将帮助当地遭受毒品侵害的人们重新拥抱生活。”

萨兰加尼省戒毒中心采用现代主义建筑风格理念，结合庭院式分散布局，外立面的白色、木色和蓝色与海景、山景交融呼应，为患者治疗营造了优美舒适的环境。项目建设中充分利用智能化信息设备，建立智能化信息系统，保障了项目交付使用后的高效运营。“戒毒中心不仅为患者提供了舒适的治疗条件，而且配备了先进的医疗设施，我们由衷地感谢。”医院院长伊梅尔达·奎诺内斯医生评价道。

在中菲两国建设者的共同努力下，项目团队克服当地雨季施工、物资紧缺等问题，用不到1年的时间建成萨兰加尼戒毒中心。建设过程中，中国建筑按照受援国自建模

1 戒毒患者进行吉他弹唱表演

2 戒毒患者进行篮球赛

式实施，聘用了450名菲律宾工人。“我们坚持拉动当地就业，并且大量采购当地的材料、设备、家具等物资，累计超过1000多万美元，有力促进了当地经济发展。”中国建筑菲律宾戒毒中心负责人姚善发说。

不仅如此，项目还积极为当地培养建筑技术人才，家住在戒毒中心附近的玛利亚告诉记者：“中国建筑不仅给村民提供了工作岗位，而且教会了我们很多新技能，一些原本只会务农的村民在项目工作后，利用学到的技能去省城打工了。”

如今，菲律宾萨兰加尼戒毒中心已成为“一带一路”倡议下中菲合作的里程碑项目，但对于当地人民而言，它不仅是一座美丽建筑，更是充满希望的新开端。

2

连通世界的海上大门

《建筑在说话》以色列海法新港项目回访

扫码观看视频
《连通世界的海上大门》
（A Sea Gate Connecting the World）

A Sea Gate Connecting the World

1

蔚蓝色的地中海东南岸，红白相间、巍峨雄壮的桥吊一字排开，格外醒目，以色列海法新港正忙碌运转着，成为以色列连通世界的海上大门。

“以色列以往每六七十年才建设一座港口。我觉得这是一个难得的改变环境的机会，也是一个巨大的职业挑战。自2019年来到这里，一个全新的世界正向我敞开大门。”伊齐克·谢里狄是海法新港码头安环部经理，在这一专业领域已经有超过三十年的从业经验，离开曾经任职的安全管理岗位来到海法新港，不舍的同时，更多的是兴奋。

海法新港是以色列60年以来首个新开港的大型港口，也是迄今为止地中海东岸最先进、最绿色、建设速度最快的码头，一期工程码头岸线长度805.5米，年设计吞吐量为106万标准箱，由中国建筑旗下中建港航局作为施工总承包具体负责实施，2021年9月1日正式开港。

项目的建设可以说是一种“逆势而上”的努力。3年来，中国建筑项目团队克服疫情肆虐、巴以冲突、劳动力短缺等多重困难，用实际行动实现完美履约，被中国驻以色列使馆赞扬“以色列疫情期间中资企业施工最流畅的项目！”“最难的要说2020年初的新冠疫情，当地劳动力跟不上，进口物资也没法儿按时到达，项目部中

2

以两国的员工齐心协力，在做好防疫的同时，想办法克服各种困难，保证了按时开港。”中国建筑项目经理冯进华说道。

海法新港是中以两国创新合作的结晶。“我跟着中国团队不断学习，他们的想法很棒，助力我们完成了这个项目。”项目土建工程师苏莱曼·阿卜杜拉说道。项目施工

BUILDING LIVES.

1 两国员工夜以继日地工作以保证按期开港
2 海法新港开港运营仪式

总承包、设计、监理都是由中以双方采取联合体等方式组成。项目部招聘了当地不同专业的工程师，解决施工和验收资质问题，定期召开技术培训，邀请当地工程师对以色列标准及规范答疑解惑，一次次联席会议、联合检查、头脑风暴、深入讨论……中方团队的专业水平和敬业精神得到了以色列合作方的高度赞扬和尊重。

与管理创新相辉映的技术创新光芒也在时时闪耀。海法新港是我国企业首次向发达国家输出“智慧港口”先进科技和管理经验，很多技术在当地都是首次采用：高智能化的桥吊及轨道吊控制操作系统，为船舶岸上供电系统，独具以色列标准要求特色的消防泡沫炮和消防水幕系统等，项目部因地制宜针对性采取了施工工艺、技术，创造了许多以色列的“第一次”，为自动化港口“智慧大脑”的运行提供了基础保障。

项目建设也为中以两国员工创造了良好的沟通环境。“我十分钦佩中国文化、中国团队忠于使命、勤勉工作以及特别的管理理念。”伊齐克说道。这也深深影响着伊齐克，塑造了他个人的管理风格。“在中国春节前夕，港口高层管理人员慰问了那些不能回国与家人团聚的工人。这是他们的习俗和文化的一部分：慰问员工，赠与他们小礼物以表示感谢，感谢他们坚守岗位。”在最近的一个犹太节日前夕，他拜访了以色列港口员工，以表示支持和感谢。

“海法新港的建成，它的意义不仅仅限于以色列地区，对整个中东地区的物流环转都起到了巨大的作用。”上港集团海法新港建设总指挥姬广民表示。如今，海法新港每周7天、每天24小时全天候运营，是以色列最大的货柜中心和中欧的重要贸易枢纽，为以色列及周边地区货物流通提供更加高效便捷的服务，成为以色列进出欧洲和亚太市场的重要贸易通道。

沙漠工程师

扫码观看视频
《沙漠工程师》
（A Mission in the Desert）

《建筑在说话》阿布扎比疫苗厂项目回访

A Mission in the Desert

1

烈日下的大沙漠，热浪灼人。这里是距离阿联酋首都阿布扎比市中心以北60多公里的哈利法工业区（KIZAD）建设工地。放眼望去，看到的是万里黄沙，在这热气蒸腾、植被稀少的沙漠腹地，一支来自13个国家的工程建设团队正在紧锣密鼓地施工作业。

2

3

经过12个月的昼夜施工，一座由中国建筑旗下中建中东公司承建的高规格疫苗厂正在酷日的炙烤下拔地而起，它是在习近平总书记倡导共建人类卫生健康共同体的理念下，中国与阿联酋携手推进全球抗击新冠肺炎疫情的重要合作项目。

KIZAD工业区是阿联酋政府为吸引外资而打造的综合型基础设施平台，也是中东地区最大的工业区，疫苗厂坐落于工业区内，规划用地面积约为25万平方米。阿布扎比疫苗厂的设计和建造工期仅用了16个月，而同等规模的工程一般需要30个月左右。项目负责人郑春光骄傲地说："能参与这个项目的建设，我们感到非常荣幸。"他告诉记者，项目管理团队通过BIM技术多次模拟施工场景，论证施工技术安全管理的可行性，设计出一套多专业交叉的施工组织设计方案，犹如"精美的蜂巢模式"，极大地提高了施工效率。

项目进场初期正值夏季，施工场地的最高气温高达60℃以上，受沙漠条件的限制，施工现场没有任何天然的"避暑"设施。这支平均年龄仅33岁的施工团队不畏艰

1 阿布扎比疫苗厂项目机电技术经理赫里斯托·当捷夫
2 阿布扎比疫苗厂项目施工现场
3 赫里斯托·当捷夫正在工地检查

苦，克服了项目工期紧、现场高温炎热、疫情防控压力大等各种困难挑战，顺利完成前期准备工作，确保项目如期开工。为保证项目施工进度，项目管理团队安排多个施工队伍同时进场，高峰期时施工总人数达3000余人。

疫苗厂工程属于典型的医用厂房综合型建筑，其结构和功能具有一定的特殊性，在工程技术方案和施工组织设计方面有更高的要求。面对资源协调难、技术标准不统一、不同国籍员工语言障碍等问题，大家心里只有一个共同的目标，那就是保质按时完成项目交付，实现疫苗生产，造福中东地区的人民。来自保加利亚的机电技术经理赫里斯托·当捷夫激动地说，“疫苗厂的建设工作很有意义，它不同于商业类项目，这是一项事关人民福祉的民生工程。”

这座由中国在阿联酋投资建设的第一座疫苗厂，是两国在医疗领域的最新合作成果，疫苗厂建成后将在该地区生产中国国药集团疫苗。目前疫苗厂的主体结构已接近尾声，后续施工也在有序推进，参与建设的叙利亚籍施工经理阿姆贾德·法扎特告诉记者，“我在阿联酋已经工作了15年，去年加入中建中东公司，我很高兴能够和来自世界各国的同事一起工作。能够在阿联酋建设这样的疫苗厂，我感到十分自豪，这将帮助到更多的阿拉伯国家。”他希望未来能够将自己在工作中学到的知识和技术用到家乡的重建中，“我希望战争尽快停止，我们可以投身到叙利亚的建设中。”法扎特表示。

“五色交辉，相得益彰；八音合奏，终和且平”。古往今来，不同文明、宗教、种族求同存异、开放包容，才能携手共创美好未来，阿布扎比疫苗厂项目就是各国建设者齐心协力、共克时艰的最好答卷。

我在建“非洲第一高楼”

《建筑在说话》埃及新首都中央商务区项目回访

扫码观看视频
《我在建“非洲第一高楼”》
（I' m Building the Tallest in Africa）

I'm Building the Tallest in Africa

1

清晨，阳光铺满大地。在大多数开罗居民醒来之前，33岁的瓦利德·拉马丹（Waleed Ramadan）已吃过早餐，穿好衣服，准备去上班。他每天都需要等一班公交车，这辆班车会从开罗东郊出发，向东行驶约50公里，穿过一大片黄沙戈壁，把他带到沙漠深处，那里是正在建设中的埃及之梦——新行政首都。

2016年，在中国国家主席习近平访问埃及期间，中埃两国就中国建筑承建埃及新行政首都CBD项目签署框架协议。2017年10月，中国建筑与埃及住房部正式签署CBD项目总承包合同（一期），标志着CBD项目就此诞生。项目总占地面积60多万平方米，总建筑面积约192万平方米，共计20个高层建筑单体及配套市政工程。它不仅是埃及国家复兴计划的重要工程，也是“一带一路”沿线最大的造城项目。其中，高达385.8米高的“非洲第一高楼”标志塔更是CBD项目这座皇冠上的明珠。

瓦利德就是埃及新首都CBD项目的一名技术工程师，他于2019年2月加入中国建筑，主要负责标志塔项目的现场技术管理。2020年新冠疫情暴发初期，为保证工作不受疫情影响，他和很多埃及同事一起在工地坚守。2020年4月，当听说公司为埃及捐赠了大批防疫物资时，他曾动情地说：“疫情让我们再一次感受到了中国朋友的温暖！”

“中国建筑是一家实力很强的国际建筑公司，在全球超高层建筑领域享有盛名，在埃及新首都CBD项目工作的这4年多，我见识了很多超高层建造技术，如超高层泵送混

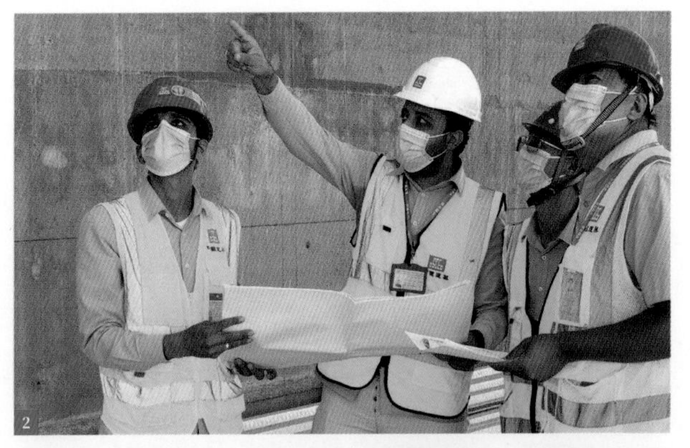
2

3

BUILDING LIVES.

1 技术工程师瓦利德正在等候去往 CBD 项目的公交车
2 瓦利德（左二）和同事在标志塔施工现场
3 中国员工在“鲁班学院”为属地员工进行技能培训

凝土、超高层爬模系统、动臂式塔吊、钢结构焊接等，这些都是以前在埃及从未使用过的先进技术，让我获益匪浅。”瓦利德告诉记者。

瓦利德喜欢和中国同事一起工作，他说中国同事工作非常严谨、守时、高效，遇到技术难题，通常会及时召开讨论会，进行方案比选，优劣对比，同时通过建模来模拟效果，最终选择最优解决办法。“我从他们身上学会了准时准点，我现在每天都会制定自己的工作计划，严格按照计划进行；每天检查自己的工作进度，一旦发现遗漏或者滞后，我一定会想办法及时补救。”

2020年初，CBD项目成立了“鲁班学院”，这是一个专门培训埃及员工施工建造技能的公益教育机构。瓦利德对中国建筑的经验和技术很感兴趣，便主动报名，一边工作一边学习。“我在‘鲁班学院’中国老师的指导下，通过一次次会议讨论、现场施工及验收的过程，逐渐提高了自己的业务水平，成为一名更加有经验、更加成熟的技术工程师。”目前，中国建筑已与超过300家埃及当地企业建立合作，直接或间接创造约3万个就业岗位。

中建埃及分公司总经理常伟才介绍，“自2018年项目启动以来，CBD项目的建设一直按照正常的进度开展。即使在2020年初新冠肺炎疫情暴发的紧张时期，全球供应链问题对项目施工产生了很大影响，项目进度一定程度上有所放缓，但施工的步伐从未停止。”

看着标志塔从筏板浇筑开始，一点点地成长起来，并且穿上了“新衣”、亮起了璀璨灯光，能够参与建设的瓦利德感到非常自豪，因为其中每一点变化都有自己一份小小的力量。“这是一个伟大的项目，将成为埃及的杰出地标，并成为中埃两国亲密友好合作的永恒见证。”瓦利德自豪地说。

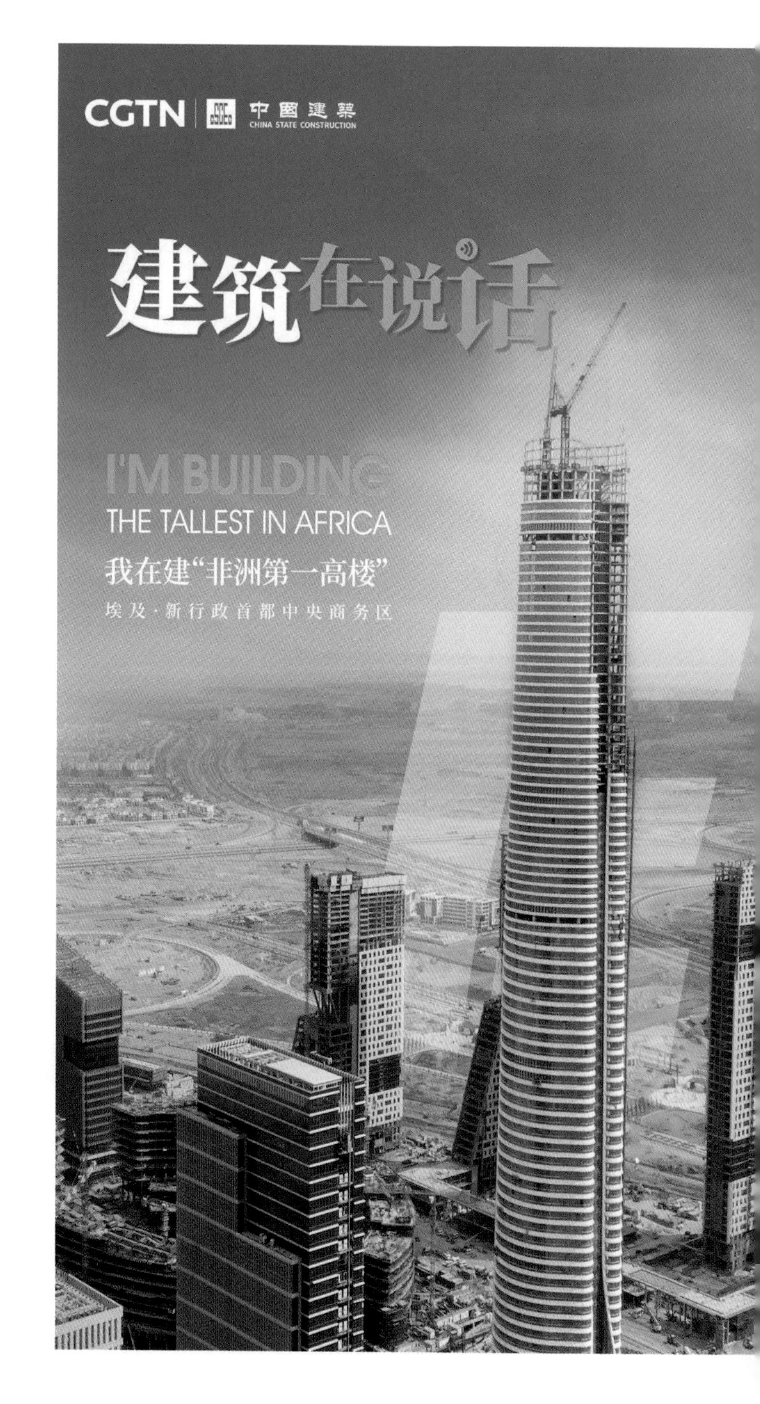

卡冒的安居梦

扫码观看视频
《卡冒的安居梦》
(Kamau's Dream House)

《建筑在说话》肯尼亚内罗毕公园路保障房项目回访

Kamau's Dream House

1

与家人享用过早餐，卡冒驱车送孩子上学，开始美好的新一天。“拥有一套舒适的住房是很多肯尼亚人的梦想，现在我的梦想实现了，一切在变得更好。”新房子、新环境、新生活，实现安居梦的卡冒对未来怀有无限憧憬。

“房子有三间卧室、两个卫生间，还有一个客厅和开放式厨房，房屋通风很好，完全可以满足我和家人的居住需要。”卡冒对新房子非常满意。此外，小区完善的雨污水处理系统，充足的停车位，以及篮球场、幼儿园、儿童游乐设施等基础配套也一应俱全，居住环境的改善大大提升了卡冒一家的幸福感，“这里离中央商务区很近，住在这里非常方便、舒适”。

肯尼亚城市人口占总人口的22%，并以每年约4.2%的速度增长，迅速增长的城市人口对住房提出了更多需求。肯尼亚政府发布的一份全国住房调查报告显示，肯尼亚全国每年住房短缺达20多万套。为解决中低收入人群住房问题，内罗毕公园路保障房项目应运而生。

由中国建筑承建的内罗毕公园路保障房项目，是肯尼亚政府致力改善民生的第一个保障房项目，占地3.2万平方米，

2

3

BUILDING LIVES.

1 卡冒实现了自己的安居梦
2 卡冒和他的家人
3 卡冒和孩子们在小区空地玩耍
4 卡冒和小区的孩子们

建筑面积12.3万平方米，包括1370套住房和相关配套基础设施。项目于2019年初动工，尽管受到新冠肺炎疫情影响，仍比计划提前105天完工，比合同约定时间提前75天交付。

令卡冒感到高兴的，不仅仅是房屋建造速度和质量，中国建筑聘用了超过1000名肯尼亚当地工人参与公园路保障房项目建设，卡冒正是其中之一。“在中国建筑工作期间，我的收入提高了三倍，我现在完全有能力满足自己和家人的基本生活需要”。

公园路保障房项目是肯尼亚前总统乌胡鲁·肯雅塔“四大施政方针”中的一部分，肯雅塔高度重视项目建设，总统任期内曾两次到项目视察。他表示，内罗毕公园路保障房项目将成为肯尼亚全国保障房建设的标杆，在全国范围内具有示范作用，为众多肯尼亚人的生活带来积极影响。

“听中国同事讲，中国人对房子有着特殊的情感，有了房子，幸福生活就有了基本保障。”住进新房子的卡冒，如今更加深刻理解了中国同事的话。在他看来，中国同事也把这种情感倾注进了公园路保障房项目建设之中。对卡冒来说，拥有一套住房如同梦想成真，这让他对未来充满了信心，并期待再次有机会参与这类项目的建设。

4

推动发展的新引擎

《建筑在说话》巴基斯坦PKM项目回访

扫码观看视频
《推动发展的新引擎》
（Engines of Prosperity）

Engines of Prosperity

在巴基斯坦人口密集、农业发达的中部平原上，镶嵌着一条象征希望和繁荣的交通走廊——巴基斯坦PKM（白沙瓦至卡拉奇高速公路）项目（苏库尔—木尔坦段），打通了巴基斯坦中部南北交通大动脉，是中巴经济走廊下最大的基础设施项目。

7月的木尔坦，阳光灿烂、果香四溢，当地正迎来芒果丰收季节。果园内，凯撒正与家人忙着采摘，他看着新鲜饱满的芒果从树上源源不断地放进箩筐，脸上洋溢着开心自豪的笑容。

35岁的凯撒曾在中国留学5年，毕业后回到巴基斯坦加入中国建筑PKM项目团队，成为了一名工程师。他不仅亲身参与了项目的建设过程，更享受了公路带来的实实在在的便利。在PKM项目建成前，因为交通不便，凯撒家里400亩芒果难以短时间运出，许多都烂在地里。2019年项目通车后，从木尔坦至苏库尔通车时间缩短了7个小时，凯撒家的芒果得以快速运往南部沿途城镇售卖，收入较之以往翻番。“以前，我们这的农民和村民都很沮丧，因为运输过程中芒果经常腐烂，现在有了这条高速公路，我们的生活发生了很大改变。”凯撒高兴地说。

PKM高速公路项目（苏库尔—木尔坦段）全长392公里，双向六车道，设计速度120公里/小时，于2016年8月5日开工。建设过程中，项目团队克服安保形势紧张、疫情冲击、资源匮乏等诸多困难，全力推进项目履约，在短短3年

BUILDING LIVES.

1 中巴员工在建设现场工作
2 PKM 项目工程师凯撒
3 PKM 项目支援当地抗洪救灾
4 PKM 项目总经理穆罕默德·纳西姆·阿利夫

间完成道路建设并投入使用。同时，项目建设团队积极践行绿色生态理念，在道路两旁共植树33.58万株，绿化面积相当于775个足球场，为这片古老的土地带来了勃勃生机。

不仅如此，项目通过免费开展管理和技术培训，培养了近1000名工程管理人员和2000多名机械操作人员，为当地社会输送了大批专业人才。“建设过程中，我们优先雇用当地员工，在建设高峰期雇用了3万多名当地员工，占员工总数的97%。创造了大量就业机会，帮助当地解决就业问题。”时任中国建筑PKM项目总经理肖华介绍。

作为巴基斯坦首条具有智能交通功能的高速公路，PKM公路实现了沿线收费系统、信号管理等功能电子化、自动化、信息化全覆盖。时任巴基斯坦国家公路局PKM项目总经理穆罕默德·纳西姆·阿利夫评价道：“中国的建造技术在世界遥遥领先，我们从PKM项目学到了很多，并且还将继续学习。”

截至目前，PKM高速公路已累计通行车辆超过一千万辆，无一天中断。项目凭借优质的履约，先后荣获了鲁班奖、国家优质工程金奖、詹天佑奖等，被誉为中国建造在海外的一张靓丽名片。这条公路极大改善了巴基斯坦国家交通状况，成为带动沿线经济发展的新引擎。

滤出甘露润万家

扫码观看视频
《滤出甘露润万家》
（Fresher Water, Better Life）

《建筑在说话》博茨瓦纳水厂升级项目回访

Fresher Water, Better Life

1

正值博茨瓦纳秋高气爽的时节，绍雄镇的村民巴采里·奥莱克勒一家人忙碌地准备着丰盛的午餐。清凉的自来水涮洗着餐具，又反复冲洗着新鲜蔬果。这幅景象放在从前，奥莱克勒想都不敢想。“自从马哈拉佩水厂运营后，我们再也不用担心洗衣做饭时会停水了。”奥莱克勒说道。

过去几年，绍雄镇一直在长期面临水资源短缺问题。“缺水情况通常会持续一个月，那时候我们不得不到23公里外的村庄排队取井水，非常不方便。”奥莱克勒的妹妹告诉记者。现如今，绍雄镇用水困难的问题在马哈拉佩水厂扩建后得到解决。“新水厂建成后，我们再也没有遇到停水的情况了！”奥莱克勒的妹妹开心地说道。

马哈拉佩水厂位于绍雄镇50公里外的马哈拉佩镇，该水厂升级项目由中国建筑博茨瓦纳公司承建，扩建后的水厂净水能力从每天16万立方米提升至34万立方米，大大提高了当地供水能力，供水范围扩大至约70公里外的村庄，极大程度地缓解了当地居民用水难的问题。“新水厂的建成，满足了日常的用水需求，我们现在使用二氧化氯消毒剂消毒，比起过去使用的氯气消毒剂，消毒效果更好、更持久。另外水厂还增加了活性炭过滤工艺，有效地提高了水质，改善了周边居民的饮用水质量。”水厂经理巴杜比·恩采奇说道。

为了让当地民众了解水厂改造升级的亮点与运作模式，马哈拉佩水厂于2022年4月25日举办开放日活动。马哈拉佩酋长采佩·采佩与马哈拉佩市政议员山姆·科勒巴勒受邀参加。酋长采佩·采佩表示：“水资源对于当地人民来说是非常宝贵的，新水厂的建成，有效解决了当地饮用水短缺的问题，十分感谢中国建筑出色地完成了这一项目。”

水厂的建设，同样也为当地民众提供不少就业机会。市政议员科勒巴勒表示：“水厂项目积极聘用当地员工，为当地增加就业机会。即使在疫情最严重的时候，也没有因为经营压力解聘一名员工，我们也没有收到任何当地员工的抱怨。”据了解，在项目建设过程中，共有260名员工，其中218名为博茨瓦纳当地员工，属地化率达到84%。

“我们感到非常开心，因为终于不再缺水了。”奥莱克勒对记者说道。升级后的水厂为马哈拉佩及周边地区注入了新的活力，居民生活也因此变得更加轻松，不再需要长途跋涉去寻找水源。中国建筑在博茨瓦纳深耕的30余年中，始终将回馈当地社会与民众作为企业应尽的责任，用实际行动筑牢中国与博茨瓦纳的友谊桥梁。

BUILDING LIVES.

1 绍雄镇村民巴采里·奥莱克勒一家人正在享用午餐
2 马哈拉佩酋长采佩·采佩出席马哈拉佩水厂开放日
3 博茨瓦纳各界人士到马哈拉佩水厂参观
4 马哈拉佩水厂经理巴杜比·恩采奇

站长的日常

《建筑在说话》刚果（布）国家一号公路项目回访

The Daily Life of a Station Master

1

刚果（布）首都布拉柴维尔市郊，一座名为利夫拉的收费站大气、简约，随着红白相间的栏杆升降，一辆辆汽车消失在远方。再过两个小时，这里将迎来一天中第一次车流高峰。

这里是刚果（布）国家一号公路的关键入口，浅黄色的办公间内，欧比耶尔正在和同事交谈。作为一名站长，她的职责是监督团队工作，提升服务质量。

刚果（布）国家一号公路于2016年全线贯通，全长535公里，打通了首都布拉柴维尔到当地重要港口城市黑角的交通大动脉，极大地提升了当地的陆路运输水平。“过去，两城之间每天往来车辆只有一百多辆，新路修通后每天通行车辆可达4000辆。”欧比耶尔自豪地说道。

“劈山的人”是当地人对项目施工团队的称呼，这条刚果（布）等级最高、通行体验最好的公路，历时8年，穿过无人区，打通了封闭半个多世纪的马永贝原始森林，被刚果（布）总统萨苏誉为“梦想之路”。2019年末，刚果（布）政府、中国建筑、法国埃吉斯集团组成三方合资公司（LCR）负责道路运营养护，这也是中国企业在非洲参与运营的第一条高等级公路。LCR是“刚果人的公路”的缩写，眼前的收费站正是公司开展运营工作的核心载体，是实现公路资产保值增值和可持续发展的重要保障。

欧比耶尔已经在收费站工作3年了，她是这里的第一批员工，出色的沟通能力和严谨的工作态度，帮助她顺利地成长为一名站长。“我全家都很支持我的工作。他们甚至对我的工作感到惊讶，因为我管理着一个收费站，要知道这份工作并不容易，因为要为客户处理很多问题。”欧比耶尔说。

在项目建设和运营期间，中国建筑直接为刚果（布）创造了大量的就业岗位，目前收费站员工已有400多人。“通

2

1 欧比耶尔正在利夫拉收费站工作
2 利夫拉收费站员工合影
3 刚果（布）国家一号公路项目的员工正在交流工作

过这份工作，我可以把工资寄给家人。这是一份30年的工作，对我和我的家人都非常重要。”副站长芭芭克说。

不仅如此，由于运输时间与成本大大降低，一些沿线小市场自发地发展起来，为沿线居民的收入提升创造了更多的可能。“这条路带来很多好处，我们这个地区与外界联通了，我们可以很方便地出去买东西。”沿线商户老板开心地说道。

项目通车后，一号公路车辆日通行量平均提高了10倍以上，90%以上的重要物资、矿产、森林资源的进出口均通过这条公路运输到黑角港，带动当地GDP增长69%。卡车司机告诉记者：“以前，从黑角到布拉柴维尔需要3至6个星期，现在这条路通车以后，只需要一天到一天半就可以。”

在利夫拉收费站入口不远处，一棵由中、法、刚三方代表共同种下的“友谊之树”苍翠挺拔，微风拂过，枝丫摇曳，仿佛正在讲述着LCR在这里落地生根的故事。欧比耶尔结束了和同事的交谈，开始了新的忙碌，她将继续守护这条“梦想之路”，保障它的安全和畅通，让刚果人民通过一号公路发展经济、实现梦想，通向幸福美好的未来。

托起文莱湾上新希望

《建筑在说话》文莱淡布隆大桥项目回访

A New Hope on Brunei Bay

清晨的文莱湾，初升的朝阳在海面上洒下粼粼波光，一座一眼望不到头的跨海大桥，犹如一条巨龙横亘海上，与海水交相辉映。

大桥上来来往往的汽车飞驰而过，车内凯鲁尼萨回忆着淡布隆跨海大桥通车后的情景："以前我们去斯里巴加湾，只能坐船，20多个人挤在狭小的船舱里，空气里弥漫着刺鼻的汽油味道。现在大桥通车了，疫情下我们不用担心因为乘坐公共交通工具而交叉感染。"

淡布隆跨海大桥把由文莱湾隔断的文莱本土和淡布隆区连成一体，在大桥建成之前，当地居民想要往返文莱首都斯里巴加湾和淡布隆区，除了在文莱湾上乘船外，只能走穿越马来西亚的陆路。陆路要两个多小时的行程，而且通关手续十分繁琐。

受交通条件的限制，美丽的生态小城淡布隆犹如与本土隔离的飞地。"现在我们开车只需要15分钟就能到达市区，生活物资可以及时送到，拉动了淡布隆区旅游、餐饮、住宿、购物等实体经济的发展。"凯鲁尼萨兴奋地说。

由中国建筑承建的淡布隆跨海大桥全长30公里，穿越了东南亚地区最大的未经人类开发的原始热带雨林。项目安全总监苏哈吉告诉记者："原始森林里有很多猴子，在项目动工前，环保部门告诉我们，施工噪音不能影响到森林里栖息的猴子。"

面对严苛的施工环保要求，中国建筑首创"桩上打桩、梁上运梁"的桥梁施工理念，创新采用"不落地"施工方法，成功实现了桥梁全程空中施工，解决了原始森林、沼泽湿地等生态脆弱地区桥梁施工环境保护难题。项目监理陈国光介绍道："'不落地'施工工艺就是在施工过程中所有的机械设备'零着陆'，不触碰沼泽地面，不破坏雨林植被，桥梁桩基、架梁等作业全部在移动钢平台

BUILDING LIVES

1 淡布隆跨海大桥项目监理陈国光正在讲解“不落地”施工法
2 苏哈吉与项目同事进行技术交流与研讨
3 文莱居民凯鲁尼萨

上完成，简而言之就是在桥上建桥。”

文莱淡布隆跨海大桥是世界最大的装配式桥梁，通俗地讲就是用搭积木的方法“拼”出一座大桥。“所有预制结构在工厂车间完成生产加工，后方‘造积木’，前方‘搭积木’，不仅释放了现场场地，而且极大地减少了粉尘、泥浆等建筑垃圾对原始森林环境的影响。”陈国光补充道。

大桥的修建，不仅改善了当地居民的出行条件，拉动了当地社会经济发展，还为当地和临近国家提供就业岗位近千个。自项目开工以来，为建设属地化人才队伍，项目团队每年都参加文莱的就业招聘会，定期组织当地高校师生到项目观摩交流，为当地大学生提供了近百个实习岗位，苏哈吉就是其中的一员。

苏哈吉于2017年加入中国建筑，“我的同事来自很多不同的国家，有印度、马来西亚、菲律宾、孟加拉国……还有文莱本地的。我们总是一起探讨方案、交流技术、学习语言，成为了好搭档、好朋友。”苏哈吉说。

淡布隆跨海大桥被文莱苏丹誉为“文莱最卓越的国家现代化象征”，不仅托起了文莱新的发展希望，更成为新时代中国和文莱两国友好的见证。参与建设的苏哈吉很开心能够见证大桥的“成长”，他希望在未来的岁月里，这座桥也能见证许许多多像他一样的人们的美好未来。

3

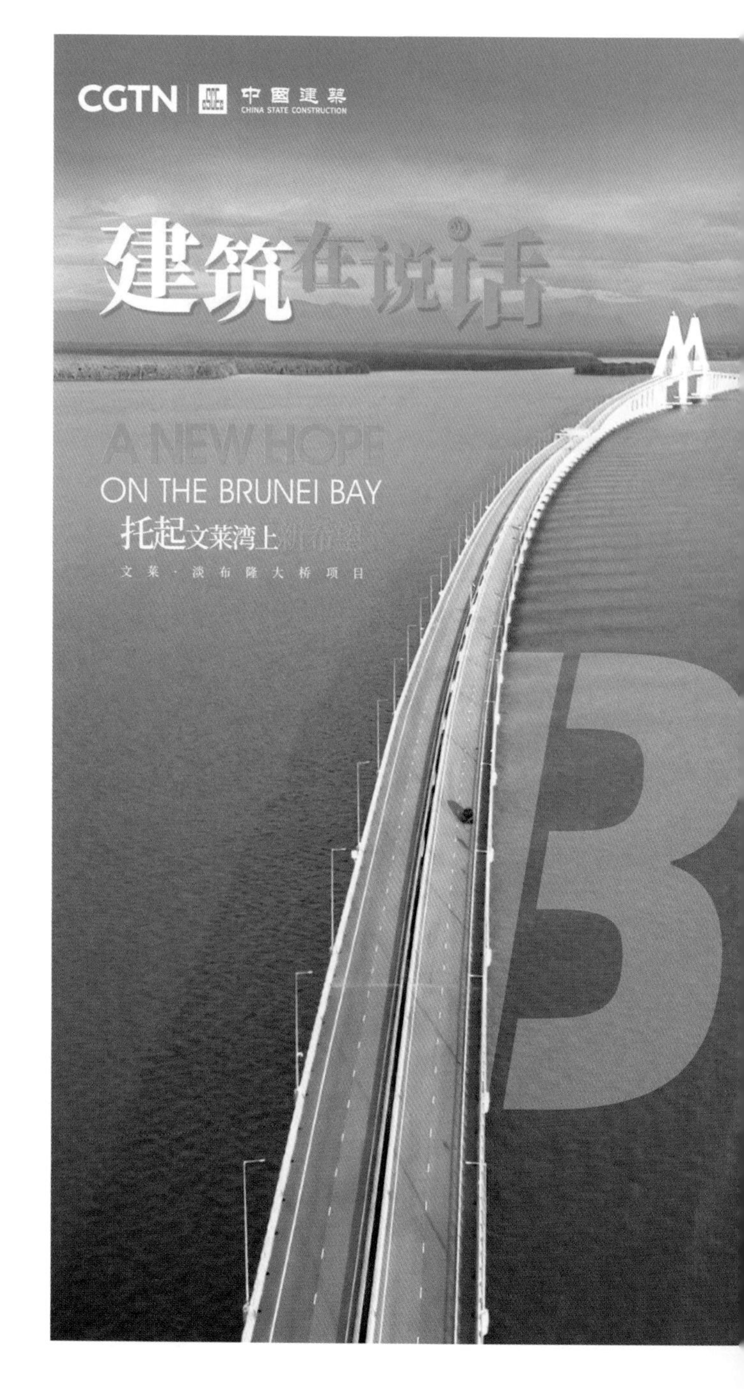

我们的布图卡学园

扫码观看视频
《我们的布图卡学园》
(Our New Butuka Academy)

《建筑在说话》巴布亚新几内亚布图卡学园项目回访

Our New Butuka Academy

1

巴布亚新几内亚首都莫尔兹比港，宁静的小渔村基拉基拉村旁边，崭新的布图卡学园里面传出朗朗读书声。走进布图卡学园，郁郁葱葱的绿植映入眼帘，一声声清脆的鸟叫声更显校园的和谐。教室里面，孩子们正在认真地听课，不远处的现代化运动场上有孩子在奔跑。

这里就是中国–巴新友谊学校·布图卡学园。2018年11月16日，国家主席习近平在莫尔兹比港出席布图卡学园启用仪式，为学园揭牌。习近平主席指出：人才是第一资源。授人以鱼不如授人以渔。中国援建布图卡学园就是为了帮助巴新培养人才。在"一带一路"倡议下，布图卡学园建成后，已为当地解决了3000多名中小学生上学难的问题，成为南太平洋地区面积最大、功能最齐全、设施最先进的学校。

谈起这所新学校，初中部学生大卫告诉记者："四年前，我们学校的条件很差，教学楼和教室都很破旧，教室空间拥挤、光线昏暗，甚至没有足够的课桌和座椅，我们只能坐在地上上课。新校园非常漂亮，还有一个宽敞的运动操场，我和同学们可以在操场上跑步踢球，我们都非常喜欢这所新学校。"

布图卡学园由中国建筑承建，项目占地5.06万平方米，包括幼儿园、小学部、中学部、教师公寓、一栋多功能大礼堂和一座现代化橄榄球场。面对多变复杂的地质环境，加上频繁的雨季施工、断水断电等条件限制，项目团队凝心聚力，仅用77天就实现了5座单体建筑全面封顶。项目经理马帅说："在前期的设计阶段，我们在当地做了大量的调研，结合当地传统建筑'大屋顶、低层架空、斜向坡屋'等特点，并融合中国建筑元素，彰显了两国互学互鉴的友谊。"

丹尼斯·奥夫是布图卡学园小学部主管。"新校园给我们带来了很多变化，除了硬件上的完善和提升，生源和师资也有了很大的变化。现在全国各地的学生都想来我们学校,也吸引了许多优秀的老师，我相信学校会越来越好。"丹尼斯·奥夫高兴地说。

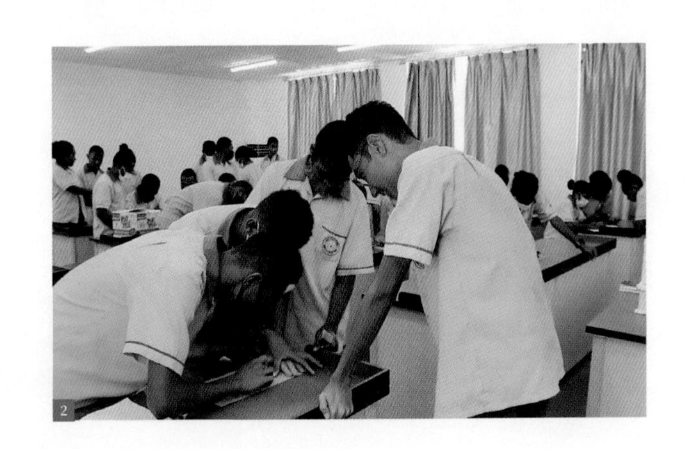
2

BUILDING LIVES

1 学生们在学习书写汉字

2 布图卡学园初中部学生大卫和同学们在教室里专心学习

3 布图卡学园启用仪式上，孩子们挥舞着手中的中国国旗

2020年，布图卡学园校方致信习近平主席，衷心感谢习近平主席关心学园发展。信里说：在中国朋友的帮助下，学校克服疫情影响实现复课。习近平在信中愉快地回忆了2018年访问巴布亚新几内亚时出席布图卡学园启用仪式的情形，肯定学园办学成绩，指出中方将继续为学园发展提供必要支持和帮助。时任巴新住房与城市发展部部长特卡琴科（现任国会议员）多次在公开场合表示："感谢中国政府和中国建筑为巴新人民建设一座如此高标准的学校，为当地学生接受良好的教育提供了保障。"

2021年11月，布图卡学园举行维保签约仪式，中国建筑承诺将为布图卡学园提供20年免费设施维护服务，确保学园各类设施正常使用。

"授人以鱼不如授人以渔"。布图卡学园不仅是巴新现代化教育的缩影，还承载着为巴新培养人才的使命，也是中国与巴新友谊的新见证与象征。

3

非洲屋脊上的议事厅

《建筑在说话》非盟会议中心项目回访

扫码观看视频
《非洲屋脊上的议事厅》
（The Bright Pearl on the Roof of Africa）

The Bright Pearl on the Roof of Africa

1

在"非洲屋脊"埃塞俄比亚高原上，亚的斯亚贝巴的天际线不再只有群山，还有由中国援建的非洲联盟会议中心。

"在你看到非盟会议中心时，你会发现它有很多诠释。它诠释了非洲文明，非洲文化和团结，非洲发展和改革的前景，也诠释了中国和非洲坚定的伙伴关系。"非盟总部项目协调员范塔洪·海勒迈克尔说。

走进建筑内部，会议中心门厅艺术墙引人注目。这幅名为《升腾》的雕塑作品专为非盟而作，浮雕背景为非洲大草原，草原上有非洲的各种动物；金色部分图案形式为英文"U"字的变形，镶嵌艺术化的非盟徽标。金色图案中间为非洲版图，边框内镶嵌55颗星星，代表55个非盟成员国，象征非洲人民的团结、向上、和平。

"中国建筑交付了一座环境友好型建筑，该建筑的维护和通风系统成本都不高。"范塔洪·海勒迈克尔继续说道。为了实现大会议厅椭球结构的精致与轻灵，建筑采用了钢结构。有高度变化和韵律感的曲线钢梁，形成阶梯形采光窗，使得整个环形大厅不需要人工照明与空调。

非盟会议中心是中国政府对非洲的大型援建项目之一，项目总建筑面积约5万平方米，办公楼高99.9米，会议中心包括一个2500多座的大会议厅、一个697座的中会议厅，以及小会议厅、VIP会议室、多功能厅、紧急医疗中心、数字图书馆等。项目由中国建筑承建，于2009年1月开始建设，2012年投入使用。

项目建设时期，需要克服的最大的困难之一就是埃塞的气候。埃塞俄比亚每年6月开始进入雨季，一直持续近4个月的时间。项目30个月的合同期内，赶上了3个雨季，每个雨季持续4个月，算下来相当于"在雨里泡了一年"，这无疑给工程建设带来了难以想象的困难和挑战。"埃塞雨季很长，导致建设工作时间紧张，中国建筑通过加大各方投入，雇用更多的工人等措施来克服这个困难。他们在如此短的时间内如此高质量地完成了项目建设，真的令人惊叹！"时任非盟总部产业主任埃内图说。

项目完工交付后，中国技术援助组继续留了下来，提供技术支持，帮助当地培养技术人员，保障会议中心设施设备正常运行，保障各项重要会议顺利召开。

属地工人朱西就是这样一名本地技术人员。他的主要工作是日常检查和维护，起初，他对会议中心设备

BUILDING LIVES.

1 非盟会议中心总部项目协调员范塔洪·海勒迈克尔
2 埃塞俄比亚工人朱西和他的中国老师毕东升

运行维护是零基础，面对突发的问题手足无措。在他的“专属中国老师”毕东升的鼓励和引导下，他一面努力学习维修检查的知识，一面努力学习中国老师的技术经验，最终成长为“属地技术骨干”，能够单独完成非盟强电系统的维保工作。

“好几次深夜，会议中心强电系统出了故障，毕老师都第一时间抵达现场，冷静地排除故障、解决问题，并耐心地给我讲解。跟着他一次次面对面的实战学习，我不仅掌握了解决突发问题的办法、学到了很多技术知识，还学习到老师对工作认真负责的态度。感谢毕老师的耐心指导！” 属地工人约瑟夫说。截至目前，非盟会议中心项目已累计为埃塞俄比亚培训了260多名专业技术工人，带动就业2000余人。

如今，非盟会议中心每年都会举行国家元首和政府首脑级会议，各种关系非洲未来发展的重要决策在这里商讨，“建”证并保障了非盟一系列重要会议的召开和重大决议的诞生。中国人民正与非洲人民携手合作，共同创造更加美好的未来！

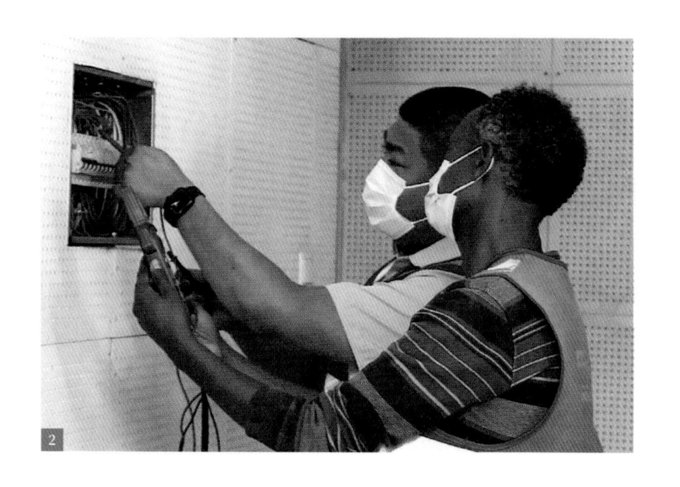
2

幸福的家

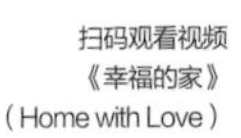

扫码观看视频
《幸福的家》
（Home with Love）

《建筑在说话》阿尔及利亚社会保障房项目回访

Home with Love

1

远远望着阿尔及尔西迪·阿卜杜拉新城，一栋栋红褐色和米黄色相间的楼房坐落在这个小镇的马赫尔玛片区。傍晚时分，一些居民在小区的小路上散步，悠然自得；一群群小朋友愉快地在滑梯附近玩耍，乐在其中；还有一个个雀跃的身影在小区足球场上奔跑，激情四溢……这里就是西迪·阿卜杜拉保障性住房的小区，2019年完工投入使用后，这里已经帮助当地10000多户居民实现了安居梦，有效改善了当地住房条件。

自20世纪中期以来，阿尔及利亚的城市人口增长了6倍，很多家庭几代人挤在一所小房子里，大量棚户区出现，住房已经成为一个大问题。为缓解这一问题，阿尔及利亚政府推出了一系列国家保障性住房政策。

本萨达·卢布纳一家就是国家保障性住房的受益者。过去，她和家人都只能挤在艾因贝尼一个破旧的小区里，那里房子拥挤、交通喧哗。如今，拥有一套属于自己的房子已经成为本萨达一家人幸福的重要来源。“2019年，我和家人搬进了中国企业建造的新公寓。在此之前，我一直在担心我的生活，因为我和我的家人没有稳定的住所。”

“当我拿到钥匙，打开新家的一瞬间，那种感觉难以形容，像是开启了新的生活。”本萨达回忆着房屋交接的时刻，仍然兴奋不已。时任项目经理轩诗杰告诉记者，自己走遍了每一套住房的每一个角落，最让他感动的是当地人搬进来时的快乐和笑容，住户们热情地向建设者们打招呼。

为解决当地保障性住房的局限性，中国建筑汲取了欧

2

1 本萨达·卢布纳一家
2 西迪·阿卜杜拉保障房的居民在小区玩耍
3 越来越多的阿尔及利亚人选择加入中国建筑

3

洲保障性住房的成熟经验，整体布局上采用巴塞罗那岛式设计概念，使得小区交通流线更合理、社区感更强烈，也保护了住户的隐私。“虽然这些住房不是豪华的，但为了提升住户的幸福感，我们在建筑材料、设施细节、设计优化等方面都花了大量心思。”轩诗杰说。

保障性住房还让更多入住的居民选择加入中国建筑，成为建设团队的一员，他们中有设计工程师、机电工程师、测量员、驾驶员、人事管理人员等。当地机电工程师奥马曾参与建设多个住房项目，连续10年在项目现场工作。他表示：“我很自豪加入中国建筑，参与住房项目建设让我能够帮助同胞改善居住条件。”据统计，公司已为当地民众提供就业机会超过27000人次，其中伍莱德法耶特住房项目当地用工率超过80%。

“国之交在于民相亲，民相亲在于心相通。”中国建筑参与阿尔及利亚建设已经有40年，截至目前，承建的住房达17万套，约1700万平方米，解决了17万户阿尔及利亚家庭和近100万人的住房问题，有效缓解了当地住房短缺的问题，为阿尔及利亚民生福祉做出重要贡献，为“一带一路”中国与阿尔及利亚两国文化交流、民心相融铸牢坚实基础。

Collaborative
Construction

在中央广播电视总台大型纪录片《共同的建造》中，
中国建筑在“一带一路”沿线打造的重点工程真实记录下一个个精彩纷呈的故事，
讲述中国建设者跨越山海，用建造连接国家与城市，连接文化和心灵，
连接过去、现在与未来。

扫码观看《共同的建造》
第一集《相遇相连》

扫码观看《共同的建造》
第二集《沸腾都市》

扫码观看《共同的建造》
第五集《谋势而动》

扫码观看《共同的建造》
第六集《绿色脉动》

扫码观看《共同的建造》
第三集《爱的滋养》

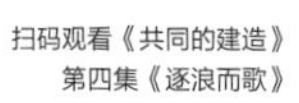

扫码观看《共同的建造》
第四集《逐浪而歌》

扫码观看《共同的建造》
第七集《心向美好》

扫码观看《共同的建造》
第八集《大道同行》

Joining Hands Across Space Pursuing together the Same Dream

中国建筑参与共建“一带一路”十周年图鉴

A Decade of CSCEC in Co-developing the Belt and Road

值“一带一路”倡议提出十周年之际，
中国建筑策划推出了“跨越山海 大道同行——中国建筑参与共建‘一带一路’十周年成果展”。
此次展览由集团海外部牵头、中建国际实施，以丰富的图片、生动的案例、翔实的数据，
从“硬联通”“软联通”“心联通”三个方面，展示中国建筑参与共建“一带一路”十年来的典型建筑业绩，
标准技术“走出去”和第三方市场合作，以及属地融合、践行社会责任等方面的积极成果。

2013年，习近平主席首次提出“一带一路”倡议。十年来，中国建筑始终牢记“国之大者”，全面贯彻党中央关于“一带一路”的决策部署，全力服务国家对外工作大局。2013年以来，中国建筑深入实施“大海外战略”，放开对外经营权，明确将“海外优先”作为指导思想，确立“165”海外高质量发展战略，从绘就海外“大写意”布局到聚焦“工笔画”“小而美”，为共建“一带一路”高质量发展贡献中建力量。

十年来，中国建筑既是“一带一路”倡议的践行者，也是受益者。2013年以来，中国建筑在全球百余个国家和地区承建了2600多个项目，成功打造了一大批高标准、可持续、惠民生的可视化成果，境外业务累计签约2206亿美元，完成营业收入1207亿美元，分别占公司组建以来海外业务新签合同额和营业收入的75%、70%，成为中资企业参与共建“一带一路”的主力军和排头兵。

建证“一带一路”硬联通

精益建造 Lean Construction

互联互通 · CONNECTIVITY

公路 Highway

1 **巴基斯坦PKM高速公路（苏库尔至木尔坦段）：**中巴经济走廊最大交通基础设施项目，巴基斯坦首条智能高速公路。

2 **刚果（布）国家1号公路：**中刚最大合作项目，刚果（布）通行体验最好的公路，被誉为“梦想之路”。

3 **斯里兰卡南部高速延长线：**斯里兰卡西部与南部交通大动脉，被誉为“致富路”。

4 **阿尔及利亚南北高速公路：**阿尔及利亚“条件最复杂、技术要求最高、施工难度最大”的地标性工程。

5 **南非EB立交桥：**南非政府近十年一次性投资规模最大的基础设施项目。

轨道&隧道 Rail transit & Tunnel

1 **沙特阿拉伯NEOM新城交通隧道（山区部分二、三标段）：**沙特最大的交通运输和公用基础设施项目之一。

2 **阿联酋阿布扎比伊提哈德铁路2A标段：**绿色设计，生态优先，最大程度保护野生动物栖息地。

3 **以色列特拉维夫地铁绿线：**以色列重要民生工程，中国建筑海外最大地铁项目。

4 **中泰高铁4-3标段：**首次使用中国高铁设计标准并由所在国自行出资兴建的高速铁路项目。

国际机场 International airport

1 **柬埔寨金边国际机场：** 全球最高4F级机场，采用大面积混凝土测温技术。

2 **阿尔及利亚阿尔及尔新机场：** 北非最重要的交通枢纽。

3 **伊斯兰堡国际新机场航站楼项目：** 完善巴基斯坦航空运输体系、巴基斯坦最具影响力的工程之一。

4 **泰国素万那普机场扩建项目：** 泰国“东部经济走廊”及“泰国4.0”经济战略重要民生工程。

桥梁&港口 Bridge & Port

1 **文莱淡布隆跨海大桥：** 采用钓鱼法施工，实现机械设备不落地作业。

2 **科特迪瓦阿比让四桥：** 建成后大幅缓解城市交通压力。

3 **以色列海法新港：** 地中海东岸最先进、最绿色、建设速度最快的码头。

4 **印尼海螺孔雀港项目配套码头：** 印尼“一带一路”重点建设项目。

城市地标 · LANDMARK PROJECTS

超高层 Super high-rise

1 **埃及新首都中央商务区：**标志塔高385.8米，非洲第一高楼，迄今为止中国企业在埃及的最大项目，将带动埃及苏伊士运河经济带和红海经济带发展。

2 **马来西亚吉隆坡标志塔：**高452米，中资企业在海外建设的最高楼。

3 **埃塞商业银行新总部大楼：**高209米，东非第一高楼。

4 **俄罗斯联邦大厦：**高420米，时为欧洲第一高楼、全钢筋混凝土结构建筑世界第一高楼。

文化设施 Cultural facility

1 **塔吉克斯坦自由塔：**总统亲自举办盛大的剪彩仪式。

2 **马来西亚印象马六甲歌剧院：**马六甲最大的单体公共建筑，马来西亚技术最先进的剧院。

3 **泰国曼谷中国文化中心：**中国在东南亚设立的首个中国文化中心。

4 **阿尔及利亚大清真寺：**非洲第一、世界第三大清真寺，被称为阿尔及利亚“千年工程”。

体育场馆 Stadium

1 **柬埔寨国家体育场：**中国迄今对外援建规模最大、等级最高的体育场。

2 **刚果（布）布拉柴维尔体育场：**刚果（布）国家级地标建筑，2015年第11届全非运动会主会场。

3 **加蓬让蒂尔港体育场：**加蓬的标志性体育场馆建筑。

会展中心 Convention center

1 **老挝国际会议中心：**亚欧首脑峰会、东盟峰会会址。

2 **巴拿马国际会展中心：**中南美地区最大、最先进的国际会展中心之一。

3 **埃塞俄比亚非盟会议中心：**被誉为中非传统友谊和新时期合作的里程碑。

商业综合体 Commercial complex

1 **新加坡武林广场项目：**新加坡裕廊创新区首个地标性建筑。

2 **德拉海滨综合体：**迪拜老城区改造计划的重点项目之一。

民生工程 · LIVELIHOOD PROJECTS

学校教育 Education

1 **巴布亚新几内亚布图卡学园：**南太平洋地区面积最大、功能最齐全、设施最先进的学校。2018年11月，习近平主席和巴布亚新几内亚总理共同出席学园启用仪式。

2 **塔吉克斯坦国家图书馆：**作为标志性建筑，被印在了面额200索莫尼纸币上。

3 **科威特大学城：**世界上最大的大学之一。

4 **新加坡共和理工学院：**联合教学，高科技实验室以及多互动空间的公立校园。

医疗设施 Medical facility

1 **菲律宾萨兰加尼戒毒中心：**被当地人誉为“希望之窗”。

2 **新加坡中央医院急救中心：**集治疗、科教、教学为一体的综合性医院。

3 **中柬友谊医院：**柬埔寨地区第一座“低能耗、高品质”的现代化公立医院。

4 **突尼斯综合医院：**中国对突规模最大的无偿援助项目。

市政工程 Municipal facility

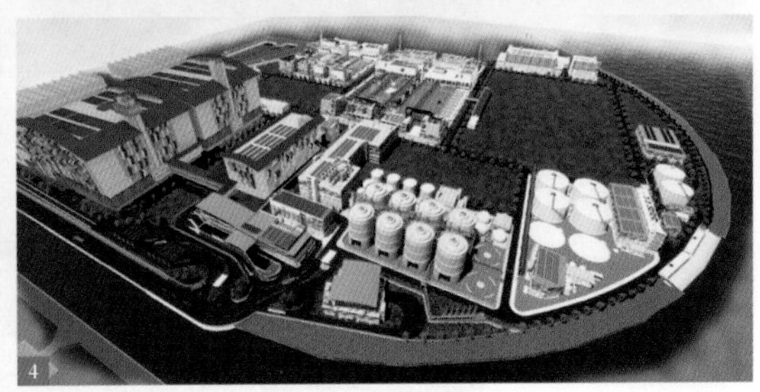

1 **博茨瓦纳马哈拉佩水厂：**供水能力翻倍提升，成功解决当地居民饮水短缺问题。

2 **沙特德拉伊耶门基础设施：**沙特政府五大国家重点项目之一，被纳入沙特“2030愿景”。

3 **斯里兰卡埃勒黑勒运河27.7千米引水隧洞：**南亚最长的灌溉隧道，惠及2.5万个家庭。

4 **新加坡大士供水回收厂：**每天收集、回收和净化15万立方米的废水。

住宅 Housing

1 **马尔代夫7000套社会住房：**马尔代夫最高、最集中的高层住宅群，改善了3万人的居住环境。

2 **肯尼亚内罗毕公园路保障房：**被肯尼亚总统称赞为“全国保障房建设的标杆”。

3 **阿尔及利亚社会保障房：**解决了近100万人的住房问题。

4 **新加坡阿卡夫阁景和阿卡夫湖景项目：**新加坡“城市更新计划”的重要项目。

5 **迪拜棕榈岛别墅区**

产能合作 · CAPACITY COOPERATION

1 **阿联酋阿布扎比疫苗厂：**中东地区最大疫苗生产和运输中心。

2 **北汽南非汽车厂：**非洲投资规模量大的汽车制造厂。

3 **阿布扎比爱马仕数据中心：**阿联酋数字经济战略的重要新型基础设施之一。

4 **恒逸文莱PMB石油化工项目**

CSCEC

最大 Largest	全球规模最大的投资建设集团之一 One of the largest investment and construction groups in the world
最高 Highest	连续9年获得由标普、穆迪、惠誉授予的全球建筑行业最高信用评级 Top rating in the global construction industry by Standard & Poor's, Moody's Investors Service and Fitch Ratings for 9 consecutive years
No. 1	连续8年稳居ENR全球承包商250强首位 No. 1 among ENR Top 250 Global Contractors for 8 consecutive years
No. 13	位列2023年《财富》世界500强第13位 No. 13 in *Fortune* Global 500 in 2023
No. 4	位列2023年《财富》中国500强第4位 No. 4 in *Fortune* China 500 in 2023

建证“一带一路”软联通

创新发展 Creative Development

科技创新 · S&T INNOVATION

标准融合 Integration of Standards

中泰高铁4-3标段： 中泰高铁4-3标段全长25.4千米，合同额3.48亿美元，是泰国第一条高速铁路，也是中国境外首次使用中国高铁设计标准并由泰国出资兴建的高速铁路项目。

绿色建造 Green Construction

不落地移动施工钢平台： 不落地移动施工钢平台是中国建筑自主研发的可移动式钢平台，做到全程不落地施工、机械设备“零着陆”。目前，已在世界上最长的全预制桥梁——文莱淡布隆跨海大桥中成功运用。

智慧建造 Intelligent Construction

空中造楼机： 空中造楼机是中国建筑自主研发、世界领先的超高层建筑施工智能集成平台，目前空中造楼机已经成功运用在埃及新首都CBD项目、马来西亚吉隆坡标志塔等一系列超高层建筑建设。

工业化建造 Industrialized Construction

钢结构装配式建筑： 中国建筑自主研发的高效环保钢结构装配式产品，有效缩短工期、减少施工污染和建筑垃圾，增加建筑产品的安全性、舒适度，有效提升建筑使用面积和使用寿命。目前，已用于巴布亚新几内亚布图卡学园等项目。

特许经营 · FRANCHISED OPERATION

刚果（布）国家1号公路：2019年3月，中国建筑牵头联合法国Egis公司和刚果（布）政府成立联合体运营刚果（布）国家1号公路、2号公路，运营总长1400公里，特许经营期30年。2019年3月1日，刚果（布）总统萨苏亲自缴纳公路第一笔通行费。

埃及新首都CBD项目：2023年6月，中国建筑与埃及住房部新城市社区管理局（NUCA）、INCOME公司签署埃及新首都CBD城市运营项目合作协议，为项目提供资产运营及物业市政服务。

三方合作 · THIRD-MARKET COOPERATION

阿联酋伊提哈德铁路2A标段

印尼太古公寓

中国建筑秉承合作共赢理念，加强与属地头部企业和欧美、日韩等先进同行的协同，发挥各自优势，联合实施了刚果（布）国家一号公路、沙特NEOM新城交通隧道、新加坡地铁跨岛线第一标段、阿联酋伊提哈德铁路2A标段、印尼太古高端公寓等一批重点项目。

建证“一带一路”心联通

同筑梦想 Sharing the Same Dream

“国之交在于民相亲，民相亲在于心相通。”中国建筑在参与共建“一带一路”中，积极融入属地发展，践行企业社会责任，加强文化交流，以“建证幸福”为价值核心，打造“建证幸福书屋”“鲁班工匠计划”等系列活动，展现企业有温度、有内涵、有情怀的品牌形象，增进与共建“一带一路”国家的人民交流和互信，助力推动“一带一路”的大道越走越宽。

图书在版编目（CIP）数据

建证丝路 / 中国建筑集团有限公司编著 . -- 北京 : 外文出版社 , 2023.11

ISBN 978-7-119-13791-9

Ⅰ . ①建… Ⅱ . ①中… Ⅲ . ①建筑工程－承包工程－项目管理－中国－文集 Ⅳ . ① TU723-53

中国国家版本馆 CIP 数据核字 (2023) 第 215899 号

出版指导：胡开敏　许　荣
责任编辑：蔡莉莉　马若涵
装帧设计：陈　强　李　健　管力峰　张秀明
策　　划：中外文广告（北京）有限公司
印刷监制：章云天

建证丝路

中国建筑集团有限公司　编著

出 版 人：胡开敏
出版发行：外文出版社有限责任公司
地　　址：北京市西城区百万庄大街 24 号　　邮政编码：100037
网　　址：http://www.flp.com.cn　　电子邮箱：flp@cipg.org.cn
电　　话：008610-68320579（总编室）　008610-68995875（编辑部）
　　　　　008610-68995852（发行部）　008610-68996185（投稿电话）
印　　刷：北京艾普海德印刷有限公司
经　　销：新华书店 / 外文书店
开　　本：889mm×1194mm　1/16
字　　数：200 千
印　　张：12.25
版　　次：2023 年 11 月第 1 版第 1 次印刷
书　　号：ISBN 978-7-119-13791-9
定　　价：98.00 元